Physikalische Mechanik.

Von

P. Johannesson,
Oberlehrer am Sophienrealgymnasium in Berlin.

Mit 37 Figuren auf 2 lithographierten Tafeln.

Springer-Verlag Berlin Heidelberg GmbH 1900

Additional material to this book can be downloaded from http://extras.springer.com

ISBN 978-3-662-31924-6   ISBN 978-3-662-32751-7 (eBook)
DOI 10.1007/978-3-662-32751-7

Inhalt.

Erster Abschnitt.
Vom Messen der Räume, der Zeiten, der Massen und der Kräfte.

1. Die Raummessung 7
   a. Die Längenmessung.
      α. Die Längeneinheit.
      β. Der Vernier.
      γ. Das Spiegelmass.
   b. Die Winkelmessung.
      α. Die Winkeleinheiten.
      β. Herstellung einer Winkelteilung.
      γ. Der Vernier.
   c. Die Schraube.
      α. Entstehung der Schraube.
      β. Die Teilmaschine.
      γ. Die Kreisteilmaschine.

2. Die Zeitmessung 9
   a. Wasser- und Sanduhren.
   b. Die Zeiteinheit.
   c. Die Penduhr.
3. Das Wägen 11
   a. Die Vergleichung von Massen.
   b. Die Wage.
   c. Die Masseneinheit.
4. Die Vergleichung der Kräfte 12
   a. Unterschied von Masse und Gewicht.
   b. Der Kraftmesser.
   c. Die Veränderlichkeit der Richtung einer Kraft durch Rollen.
5. Übungen 14

Zweiter Abschnitt.
Von den einfachsten Maschinen.

1. Der Flaschenzug 14
   a. Einrichtung desselben.
   b. Die Wirksamkeit des Flaschenzuges.
   c. Vergleich zwischen Rolle und Flaschenzug.
   d. Begriff der Arbeit.
      Bemerkungen 1) und 2).
2. Der einfache Hebel 16
   a. Begriff des einfachen Hebels.
   b. Der Hebelsatz.
      Bemerkung.
   c. Die gewonnene und die verlorene Arbeit.
   d. Der Satz von der Erhaltung der Arbeit.

3. Die schiefe Bahn 18
   a. Das Gleichgewichtsgesetz der schiefen Bahn in erster Form.
   b. Bestätigung durch die Radwage.
   c. Das Gleichgewichtsgesetz der schiefen Bahn in zweiter Form.
4. Der körperliche Hebel 20
   a. Einfachster Fall.
   b. Vom Schwerpunkt.
      α. Erster Satz.
      β. Zweiter Satz.
   c. Die drei Gleichgewichtsfälle.
   d. Die Bestimmung des Schwerpunkts.
      α. Durch Zeichnung.
      β. Durch den Versuch.
5. Übungen 23

Dritter Abschnitt.
Von den einfachsten Bewegungen.

1. Die geradlinige Bewegung ... 25
   a. Erklärungen.
   b. Das freie Fallen und Steigen.
      α. *Das Fallen.*
      β. *Das Steigen.*
   c. Die Bewegung auf schiefer Bahn.
   d. Wichtige Folgerung.
2. Die wagerechte Kreisbewegung ... 26
   a. Die Schwungkraft.
   b. Die Schwungmaschine.
   c. Die drei Schwunggesetze.
   d. Das Beharrungsgesetz.
3. Das Pendel ... 28
   a. Zusammenhang zwischen Arbeit und Geschwindigkeit bei einem Massenteilchen.
   b. Die Schwingungsdauer des Pendels.
   c. Bestätigung für die Verwandelbarkeit von Arbeit in Geschwindigkeit und umgekehrt.
4. Die Bewegung einer Massengruppe ... 30
   a. Der Satz von der Erhaltung der Energie.
   b. Erste Folge des Energiegesetzes: Die Bewegungsrichtung einer Massengruppe.
   c. Zweite Folge des Energiegesetzes: Die drei Gleichgewichtslagen einer Massengruppe.
   d. Dritte Folge des Energiegesetzes: Die drei Gleichgewichtsarten einer Massengruppe.
5. Übungen ... 32

Vierter Abschnitt.
Die allgemeinsten Eigenschaften der festen Körper.

1. Die Dichte ... 33
   a. Begriff der Dichte.
   b. Bestimmung der Dichte bei festen und flüssigen Körpern.
2. Die Elastizität ... 34
   a. Grundthatsachen.
   b. Das Hookesche Gesetz.
   c. Begriff der vollkommenen Elastizität.
   d. Die Festigkeit der Körper.
3. Stoßerscheinungen ... 36
   a. Bei vollkommen elastischen Körpern.
   b. Bei vollkommen unelastischen Körpern.
4. Die Reibung ... 37
   a. Begriff der Reibung.
   b. Bestimmung der Reibung und Reibungsgesetze.
   c. Der Wert des Rades.
      Anmerkung: Abhäsion.
   d. Innere Reibung.
      α. *Der Energieverlust bei unvollkommener Elastizität.*
      β. *Die Wirkung der Schmiermittel.*
5. Übungen ... 39

Fünfter Abschnitt.
Die allgemeinsten Eigenschaften der Flüssigkeiten.

1. Vom Gleichgewicht offener Flüssigkeiten ... 40
   a. Der Flüssigkeitsspiegel.
      α. *Die Form und Lage desselben.*
      β. *Die Libelle.*
   b. Vom Schwimmen der Körper.
      α. *Die Sätze des Archimedes.*
      β. *Die Senkwage.*
   c. Der Flüssigkeitsdruck.
      α. *Die Druckrichtung.*
      β. *Der Stevinsche Satz.*
      γ. *Verbundene Gefässe.*

Inhalt.

2. Vom Gleichgewicht gepreßter Flüssigkeiten 44
  a. Der Druck der Gefäßwände.
  b. Die Wasserpresse.
3. Über Flüssigkeitsbewegungen 46
  a. Der Springbrunnen.
  b. Die Turbine.
4. Merkwürdige Erscheinungen 46
  a. Benetzende und nicht benetzende Flüssigkeiten.
  b. Gleichgewichtserscheinungen.
    α. Kapillarerscheinungen.
    β. Die Tropfenbildung.
  c. Bewegungserscheinungen.
    α. Die Diffusion.
    β. Die Osmose.
5. Übungen 48

Sechster Abschnitt.
Die allgemeinsten Eigenschaften der Gase.

1. Der Luftdruck 49
  a. Torricellis Versuch.
  b. Gefäß- und Heberbarometer.
  c. Die Quecksilberluftpumpe.
2. Die Kolbenluftpumpe 51
  a. Beschreibung derselben.
  b. Gebrauch der Kolbenluftpumpe.
  c. Luftpumpenversuche.
    α. Das Manometer.
    β. Die Magdeburger Halbkugeln.
    γ. Der Widerstand der Luft.
    δ. Der Auftrieb der Luft.
3. Die Elastizität der Gase... 53
  a. Boyles Gesetz.
  b. Der Druckmesser.
  c. Die Windrichtung.
4. Merkwürdige Erscheinungen 55
  a. Die Diffusion.
  b. Die Absorption.
  c. Die Reibung.
5. Übungen 57

Erster Abschnitt.

Vom Messen der Räume, der Zeiten, der Massen und der Kräfte.

1. Die Raummessung.

a. Die Längenmessung.

α. *Die Längeneinheit.* Jede Raummessung beruht auf einer Längenmessung. Als Längeneinheit wählen wir das Centimeter (cm), nämlich den hundertsten Teil des Platinmaßes, das in Paris als Meter aufbewahrt wird. Ein tausendstel Millimeter heißt Mikron (μ).

β. *Der Vernier.* (Bild 1.) Um einen Maßstab herzustellen, muß man eine Länge in lauter gleiche Strecken teilen. Erfolgt die Teilung durch Zirkel und Lineal, so lassen sich Millimeterstriche noch allenfalls erzielen. Die zehntel Millimeter indessen schätzt man entweder durch das Augenmaß oder liest sie mit Hilfe einer Nebenteilung ab. Die 9 mm lange Nebenteilung, auch Vernier genannt, ist in 10 Abschnitte von je 0,9 mm zerlegt. Verschiebt man den Vernier längs einer Millimeterteilung, so wird im allgemeinen der Nullstrich des Verniers zwischen zwei Striche der Hauptteilung fallen z. B. zwischen den 24. und 25. Millimeterstrich. Da nun die Abschnitte des Verniers sich von denen der Hauptteilung nur äußerst wenig, nämlich um 0,1 mm, unterscheiden, so werden die Vernierstriche vom 0. an so allmählich den Millimeterstrichen nahe rücken, daß an einer Stelle die Striche beider Teilungen merklich in eine Gerade fallen. Tritt dies z. B. beim 8. Vernierstrich ein, so geht der 7. um 0,1, der 6. um 0,2 und schließlich der 0. um 0,8 mm über den voranliegenden Millimeterstrich hinaus, so daß der Nullstrich des Verniers auf 24,8 mm der Hauptteilung steht. Bringt man nun den Verniernullpunkt erst an den Anfang, dann an das Ende der vorgelegten Strecke, so liefert der Unterschied beider Einstellungen die gesuchte Maßzahl. In Bild 1 ist ein Vernier an einer sogenannten Schubleere gezeichnet.

γ. *Das Spiegelmass.* (Bild 2.) Kann die zu messende Strecke, z. B. der Durchmesser einer Kugel, nicht unmittelbar an die Teilung herangebracht werden, so macht man die Strecke mit der Teilung gleichgerichtet und lotet ihre Enden auf die Teilung ab. Diese Ablotung gelingt besonders einfach, wenn die Teilungsebene spiegelt. Blickt man nämlich so auf den Spiegel, daß ein Endpunkt der Strecke sein Spiegelbild gerade deckt, so fällt für das beobachtende Auge jener Endpunkt auf dieselbe Stelle der Teilung wie der gesuchte Lotfußpunkt.

b. Die Winkelmessung.

α. *Die Winkeleinheiten.* Zur Winkelmessung denkt man den Kreis seit der Zeit der Babylonier in 360 gleiche Abschnitte zerlegt; zu jedem Abschnitt gehört ein Winkel am Mittelpunkt, der Grad (°) genannt wird. Die Unterabteilungen des Grades sind die Minuten (′) und Sekunden (″).

β. *Herstellung einer Winkelteilung.* Eine gute Gradteilung herzustellen ist schwer. Unter alleiniger Benutzung von Lineal und Zirkel kann man so verfahren. Man zerlegt den (zu 30° gehörigen) Zwölftelkreis durch Ausproben mit dem Zirkel in 3 gleiche Teile und den (zum regelmäßigen Zehneck gehörigen) Bogen von 36° in 4 gleiche Teile. Durch passende Abtragung der so erhaltenen Winkel von 10° und 9° zerfällt danach der Viertelkreis in 90 gleiche Teile.

γ. *Der Vernier.* (Bild 3.) Zur Ablesung der Minuten dient wieder ein Vernier. Die Hauptteilung besteht dabei aus halben Graden, während auf der anliegenden Nebenteilung 29 halbe Grade in 30 gleiche Abschnitte zerfallen. Alsdann beträgt jeder Vernierteil $\frac{29}{30}$ halbe Grade = 29′ und somit der Unterschied zwischen einem Hauptteil und einem Nebenteil 1′. Die Ablesung geschieht nun wie bei einer Längenmessung. Liegt z. B. der Nullpunkt des Verniers auf der Hauptteilung zwischen $75\frac{1}{2}°$ und 76° und deckt sich der 18. Vernierstrich mit einem Hauptteilungsstrich, so ist der 17. um 1′, der 16. um 2′ und endlich der 0. um 18′ gegen den vorhergehenden Hauptteilungsstrich verschoben, und der Nullstrich des Verniers steht also auf 75° 48′. Aus den Einstellungen des Verniernullpunktes am Anfang und am Ende der vorgelegten Drehung ergibt sich dann der Drehungswinkel. Ist übrigens der Halbmesser des Teilungskreises nicht sehr groß, so wird es bereits außerordentlich schwierig sein, mit alleiniger Hilfe des Zirkels der Nebenteilung die erforderliche Genauigkeit zu geben.

Das Werk Pierre Vernier, La construction, l'usage et les propriétés du quadrant de mathématique etc., Bruxelles 1631 ist in der Königlichen Bibliothek zu Berlin nicht vorhanden und daher für das vorliegende Heft nicht benutzt worden.

c. Die Schraube.

α. *Entstehung der Schraube.* Ein äußerst feines Werkzeug erhielt die Meßkunst in der Schraube. Dieselbe besteht aus zwei Teilen,

2. Die Zeitmessung.

der Schraubenspindel und der Schraubenmutter. Wickelt man auf den Mantel einer Kreiswalze ein rechtwinkeliges Dreieck derart, daß die eine kleine Seite die Richtung der Walzenaxe erhält, so beschreibt die größte Dreiecksseite auf dem Walzenmantel eine sogenannte Schraubenlinie. Jede Gerade des Walzenmantels durchschneidet die Schraubenlinie in stets gleichen Abständen, welche man die Ganghöhe der Schraubenlinie nennt. Dadurch nun, daß man längs der Schraubenlinie in die Walze einen Kanal oder „Gang" gräbt, entsteht die Schraubenspindel, während die hierzu passende Gußform die Schraubenmutter liefert. Übrigens sind Schrauben von überall gleicher Ganghöhe selten und darum kostspielig. — Da die Schraube die fortschreitende Bewegung mit der drehenden vereint, so gestattet sie, Längenmessungen auf Winkelmessungen (und umgekehrt) zurückzuführen.

β. *Die Teilmaschine.* (Bild 4.) Die Schraube findet Anwendung in der Teilmaschine. Dabei ist die ½ bis 1 m lange Schraubenspindel von recht genau 1 mm Ganghöhe mit einer großen Scheibe als Schraubenkopf versehen; der Umfang der Scheibe ist in 100 gleiche Abschnitte zerlegt, deren Zehntel an einem festliegenden Vernier abgelesen werden können, so daß sich noch eine tausendstel Umdrehung der Schraube verfolgen läßt. Eine solche genau gearbeitete, mit einem geteilten Kopf versehene Schraube heißt Mikrometerschraube, da man sie zu den feinsten Messungen benutzt. Die Spindel der Teilmaschine ist mit ihren Enden dem Gestell so eingelagert, daß sie sich zwar drehen, aber nicht in der Längsrichtung verschieben kann. Dagegen gleitet die Schraubenmutter auf dem Maschinentisch bei den Drehungen der Spindel zur Seite. Auf der Schraubenmutter ist ein Reißerwerk befestigt, das mittels eines Stichels die Teilstriche in den auf dem Maschinentisch festgelegten Maßstab ritzt. Auf diese Weise lassen sich Striche ziehen, deren Lage auf 1 bis 2 μ genau ist.

γ. *Die Kreisteilmaschine.* Bei der Kreisteilmaschine greift eine nur kurze, gleichfalls festgelagerte Mikrometerschraube nach Richtung der Berührenden in den Umfang eines Rades mit 720 Zähnen ein, so daß bei jeder vollen Schraubenumdrehung das Zahnrad um einen halben Grad weiterrückt. Solche zum fortgesetzten Betrieb von Zahnrädern dienende Vorrichtungen heißen Schrauben ohne Ende. Der zu teilende Kreis wird mit seiner durch die Mitte geführten Durchbohrung auf die Axe des Zahnrades gesteckt und dann ähnlich wie vorher durch ein Reißerwerk geritzt.

2. Die Zeitmessung.

a. Wasser- und Sanduhren.

Die ältesten bekannten Mittel, um Zeiten abzugrenzen und mit einander zu vergleichen, waren die Wasseruhren der Babylonier, Gefäße, durch deren Bodenöffnung das eingefüllte Wasser ausfloß. Dieses Verfahren der Zeitvergleichung ruht auf der sehr zweckmäßigen Festsetzung, daß Zeiten dann als gleich betrachtet werden sollen, wenn während derselben der gleiche Vorgang — hier die Entleerung des Wassergefäßes — in merklich gleicher Art sich wiederholt. Ähnliche Vorrichtungen sind noch heute als Sanduhren in Gebrauch. Um indessen lang ausgedehnte Zeiten hinreichend genau mit einander zu vergleichen, stützte man sich auf Sternbeobachtungen, die auch zur gegenwärtig benutzten Zeiteinheit geführt haben.

b. Die Zeiteinheit.

Als Zeiteinheit wählen wir die Sekunde (Sek) (mittlerer Sonnenzeit), wie sie von den Sternwarten geliefert und von den berliner Normaluhren sehr genau angegeben wird. Wie die Astronomen zur Sekunde gelangt sind, wäre weitläufig zu beschreiben, und diese Beschreibung ist nicht unsere Angelegenheit; man betrachtet dabei den Abstand zweier aufeinander folgenden Zeitpunkte, in welchen derselbe Fixstern durch dieselbe Stelle des Himmels geht, als unveränderlich; und eine Stelle des Himmels läßt sich mittels jeder beliebigen Durchsicht festhalten, z. B. mit Hilfe eines festgeklemmten langen Rohres, dessen geschlossenes Ende nur in der Mitte eine Durchblicksöffnung für den Beobachter trägt, während die Mitte des offenen Endes durch den Schnittpunkt zweier senkrecht aufeinander stehenden Fäden, ein sogenanntes Fadenkreuz, bezeichnet ist. Der erwähnte Zeitabstand heißt ein Sterntag. Die Sekunde ist davon ziemlich genau der 86 164. Teil.

c. Die Pendeluhr.

Die Einteilung des Sterntages in kleinere Abschnitte, z. B. Sekunden, wäre durch jede Vorrichtung zu erzielen, welche die Grundfestsetzung der Zeitvergleichung erfüllt, welche also irgend eine Bewegung unaufhörlich und in merklich gleicher Weise wiederkehren läßt. Die bis jetzt beste Vorrichtung solcher Art ist die Pendeluhr, deren zeiteinteilende Bewegung in den Hin- und Hergängen eines Pendels besteht, einer federnd aufgehängten, unten beschwerten Stange. Stößt man ein Pendel an, so vollführt es zwar einige Zeit hindurch seine Hin- und Hergänge oder Schwingungen, indessen so, daß die Schwingungsbahn des unteren Pendelendes zusehends kürzer wird, bis schließlich das Pendel still steht. Diese Verkürzung der Pendelbahn wird durch die sinnreiche Einrichtung des Uhrwerks verhütet, wobei zugleich die Schwingungszahl des Pendels durch Zeiger angegeben wird.

Die Zählvorrichtung ist diese (Bild 5). Ein Stift der Pendelstange findet eine Gleitbahn an einer Gabel, die von einer wagerechten Umdrehungsaxe herabhängt. Die Pendelschwingungen übertragen sich so durch die Gabel auf die Axe und nötigen die beiden Ankerarme, die seitlich an der Axe sitzen, zu Auf- und Niedergängen. Zwischen den Ankerarmen hindurch gleiten infolge der Schwingungen nach und nach die 30 Stifte des Sekundenrades, dessen Axe noch einen Trieb, einen engen Kranz von 8 gleichgerichteten, gleichabständigen Stiften nämlich, trägt. In diesen Trieb greift das 64 mal gezähnte Zwischenrad ein, so daß jede Umdrehung des Zwischenrades $64 : 8 = 8$ Umdrehungen des Triebes und damit auch des Sekundenrades zur Folge hat. Solche Verbindung gleichgerichteter Umdrehungsaxen durch Zahnrad und Trieb heißt eine Zahnradübersetzung. Zwei weitere Zahnradübersetzungen schließen an die Axe des Zwischenrades die Minuten- und die Stundenaxe an, natürlich so, daß jede Umdrehung der Stundenaxe 12 Umdrehungen der Minutenaxe und jede Umdrehung der Minutenaxe 60 Umdrehungen der Sekundenaxe hervorruft. Auf diesen 3 Axen stecken dann die Zeiger. Den Drehungsantrieb erfahren alle diese Zahnradübersetzungen durch den Zug eines Gewichtes, dessen Schnur um eine trommelartige Verdickung der Stundenaxe geschlungen ist. Danach geht die Bewegung der Zeiger von dem Gewicht und dem Stundenrade aus, wogegen das Pendel mit dem Anker nur die in gleichen Zeitabständen sich lösende Hemmung für das Sekundenrad abgiebt.

Die beschriebene Zählvorrichtung ist indessen zugleich ein Triebwerk für das Pendel. Zu dem Zweck sind die Enden der Ankerarme mit Abschrägungen versehen, längs denen die vom Uhrgewicht her angetriebenen Stifte des Sekundenrades mit einigem Druck hinabgleiten. Durch diese sich beständig wiederholenden Drücke erfahren Anker und Pendel Anstöße, welche eine Verkürzung der Pendelbahn verhüten. Mit zunehmender Länge des Pendels werden seine Schwingungen langsamer, so daß man es auf jede beliebige Zeitstrecke abgleichen kann. Bei astronomischen Uhren wählt man die Länge des Pendels so, daß seine Schwingungsdauer genau gleich einer Sekunde wird, daß es also (fast genau) 86 164 Hin- und Hergänge in einem Sterntage macht. Um den Gang nachgehender Uhren zu verbessern, muß man die beschwerende Linse des Pendels aufwärts rücken, bei vorgehenden Uhren natürlich umgekehrt.

Vgl. Hugenii (Huygens) Horologium oscillatorium sive de motu pendulorum ad horologia aptato demonstrationes geometricae. Paris 1673. — S. 1—20.

3. Das Wägen.

a. Die Vergleichung von Massen.

Irdische Körper k_1, k_2, ..., die auf einer wagerechten Unterlage ruhen, üben erfahrungsmäßig auf diese Unterlage Drücke aus, die am genauesten durch die Wage mit einander verglichen werden. Dabei belastet man am besten die eine Wageschale mit k_1, die andere mit

Schrot oder Sand, bis die Zunge der Wage richtig einsteht. Behält danach die Wage ihre Einstellung, wenn man k_1 mit k_2 vertauscht, so nennt man die von beiden Körpern ausgeübten Drücke gleich. Körpern, die unter gleichen Umständen den gleichen Druck auf ihre Unterlage ausüben, legt man „gleiche Massen" bei. Andererseits heißt die Masse von k_2 n mal so groß als die von k_1, wenn k_2 die Masse von n Körpern k_1 hat.

b. Die Wage.

Die Wage gehört, wie man aus den altägyptischen Wandmalereien ersieht, zu den allerersten menschlichen Erfindungen. Sehr früh also muß man entdeckt haben, daß die Wage in einfacherer Art sich verwenden läßt, als oben beschrieben wurde. Bekanntlich genügt es, beide Wageschalen mit gleichen Massen zu belasten, um die Zunge zur richtigen Einstellung zu bringen. Nur muß die Wage so eingerichtet sein, daß rechts und links vom Aufhängungspunkte des Wagebalkens die Teile der Wage einander genau gleichen. Vor allem müssen die Aufhängungspunkte der Schalen vom Drehpunkt des Wagebalkens gleiche Abstände haben; auch empfiehlt es sich, jene drei Punkte in eine Gerade zu legen. Aber trotz aller Vorsichtsmaßregeln läßt sich in der vereinfachten Art die Wage nur benutzen, wo es nicht auf große Genauigkeit ankommt.

c. Die Masseneinheit.

Als Masseneinheit wählen wir das Gramm (g) d. i. den tausendsten Teil der in Paris als Kilogramm aufbewahrten Platinmasse. Das Kilogramm hat ziemlich genau die Masse von einem Liter reinen Wassers, das Gramm daher die Masse von einem Kubikcentimeter gleichen Wassers. Wie mit Hilfe der Wage die Ober- und Unterabteilungen des Gramms gewonnen werden, versteht sich von selbst. Centigrammhäkchen pflegt man aus einem dünnen Platin-, Gold- oder Aluminiumdraht herzustellen, den man auf ein Gramm abgleicht und dann in hundert gleiche Teile schneidet.

4. Die Vergleichung der Kräfte.

a. Unterschied von Masse und Gewicht.

Beraubt man einen ruhenden Zentner seiner Unterlage, so daß er zur Erde stürzt, so übt er während der Zeit des Fallens keinerlei Druck oder Gewicht aus, weil eben nichts da ist, worauf er lasten könnte. Danach läßt der Druck oder das Gewicht eines Körpers durch die Umstände sich verändern, während seine Masse als unveränderlich betrachtet wird; ferner hat ein Druck oder Gewicht stets eine bestimmte Richtung, eine Masse ist richtungslos.

4. Die Vergleichung der Kräfte.

b. Der Kraftmesser. (Bild 6.)

Mit Druck, Gewicht oder Schwere gleichbedeutend wird von nun an auch das Wort Kraft gebraucht werden. Als Krafteinheit wählen wir das Grammgewicht (gg) d. h. den Druck, den ein Gramm ruhend auf seine wagerechte Unterlage ausübt. Zur Vergleichung der Kräfte benutzt man statt der Wage bisweilen den „Kraftmesser". Derselbe besteht vielfach aus einer Spiralfeder, die in eine Röhre eingeschlossen ist und durch die ausgeübten Drücke vorübergehende Längenänderungen erfährt. Die zu jeder Belastung gehörige Federlänge wird durch einen besonderen Versuch festgestellt und auf einer Teilung der Röhre vermerkt. Ein so geprüfter Kraftmesser heißt geaicht. Sofern man einen Kraftmesser zur Vergleichung von Massen benutzt, nennt man ihn eine Federwage. Dieselbe ist zwar äußerst bequem, aber viel weniger genau als eine gewöhnliche Wage.

In den Zeichnungen soll eine Kraft stets durch einen Pfeil (⟶) dargestellt werden, dessen Richtung die Kraftrichtung und dessen Länge die Kraftgröße angiebt.

c. Die Veränderlichkeit der Richtung einer Kraft durch Rollen.

Ein Gewicht, das an einem Faden aufgehängt ist, heißt ein Lot, dessen Richtung durch den Faden angegeben wird.

Nachbarlote haben merklich gleiche Richtung. (1)

Eine Gerade, die auf der Lotrichtung senkrecht steht, heißt wagerecht.

Eine höchst sinnreiche (vermutlich griechische) Erfindung ermöglicht es, die Richtung einer Kraft ohne Einfluß auf die Kraftgröße nach Belieben abzuändern. Man führt zu diesem Zweck einen Faden über eine Rolle d. h. über ein um eine (wagerechte) Axe drehbares Rad, in dessen Randseite zur Aufnahme des Fadens eine Hohlkehle eingeschnitten ist. Belastet man nun die lotrecht herabhängenden Fadenenden mit gleichen Massen, so bleiben diese, ob sie nun in gleichen oder verschiedenen Höhen sich befinden, in Ruhe, so lange wenigstens die Fadenmasse verschwindend klein ist. Man sagt dann, die von beiden Massen ausgeübten Kräfte halten einander das Gleichgewicht. Derselbe Thatbestand ergiebt sich, wenn man beide Fadenenden durch gleiche Kräfte in irgend welchen Richtungen der Rollenebene spannt. D. h.:

Gleiche Kräfte, die an den Fadenenden einer Rolle innerhalb der Rollenebene wirken, sind im Gleichgewicht. (2)

Den Hauptanteil an der beschriebenen Richtungsänderung hat übrigens der Faden durch seine Biegsamkeit. Führt man denselben nicht über eine Rolle, sondern über eine scharfe Kante, so bliebe das Gleichgewicht der verschieden gerichteten, gleichgroßen Kräfte bestehen. Da aber der Faden an der Kante sich reibt, so würde er auch dann noch nicht ins Gleiten zu geraten brauchen, wenn merklich verschiedene Kräfte an seinen Enden wirkten. Nur also zur Verminderung der Reibung dient die Rolle.

5. Übungen.

1) Ein Buch von 496 S. ist 20,9 mm dick; wieviel Mikron beträgt die Papierstärke? — [84,3 μ.]

2) Wieviel Quadratmikron beträgt der kreisförmige Querschnitt eines Haares von 0,036 mm Dicke? — [1018 μ^2.]

3) Wie ist ein Vernier eingerichtet, mit dessen Hilfe man an einer Millimeterteilung zwanzigstel Millimeter abliest?

4) Wie ist ein Vernier eingerichtet, mit dessen Hilfe man an einer Teilung von halben Millimetern fünfzigstel Millimeter abliest?

5) Mit Hilfe der gegebenen Winkel von 9° und 10° seien beliebige andere ganzzahlige Winkel z. B. von 16°, 47°, 52°, 84° zu zeichnen.

6) Wie ist ein Vernier eingerichtet, mit dessen Hilfe man an einer Teilung von drittel Graden halbe Minuten abliest?

7) Wie ist ein Vernier eingerichtet, mit dessen Hilfe man an einer Zehnminutenteilung Zehnsekunden abliest?

8) Eine Strecke wurde mit Hilfe einer Teilmaschine von 0,995 mm Ganghöhe gemessen. Traf der Stichel den Anfang der Strecke, so stand der Vernier auf 55,8 des Schraubenkopfes; um das Ende der Strecke unter den Stichel zu bringen, waren mehr als 4 und weniger als 5 Schraubenumdrehungen nötig, und der Vernier kam auf 27,4 des Schraubenkopfes. Wie lang war die Strecke? — [4,692 mm.]

9) Eine Uhr mit Sekundenpendel geht in 24 Stunden n = 5 Schwingungen vor oder nach; mit welchem Bruch muß man im ersten oder zweiten Fall die Schwingungszahlen der Uhr multiplizieren, um Sekunden zu erhalten?

10) Ein Centigramm eines Drahtes ist 32,4 mm lang. Welche geringste Zahl von dg-, cg- und mg-Stücken könnte man aus 1 m desselben Drahtes schneiden? — [3 dg, 0 cg, 8 mg; Rest 2,08 mm.]

11) Schneidet man aus einem Blech ein Milligramm in Quadratform, so erhält die Seite eine Länge von 2,3 mm. Welche geringste Zahl von g-, dg-, cg-, und mg-Stücken könnte man aus 1 qm desselben Bleches fertigen? — [189 g, 0 dg, 3 cg, 5 mg; Rest 4,85 qmm.]

Zweiter Abschnitt.
Von den einfachsten Maschinen.

1. Der Flaschenzug.

a. Einrichtung desselben. (Bild 7.)

Zur Hebung sehr großer Lasten wurde — bereits im Altertum — der Flaschenzug erfunden. Derselbe besteht aus 2 wagerechten Axen, deren Lager Flaschen heißen und Aufhängungshaken tragen. Auf jeder Axe laufen mehrere, gewöhnlich 2 oder 3, Rollen. Die obere Flasche ist an einen festen Stützpunkt gehängt, während die untere von einem Seil getragen wird, das mit einem Ende an die obere Flasche geknüpft ist, von hier aus um eine Rolle der unteren Flasche, dann der oberen, dann wieder der unteren u. s. w. läuft und nach Umschlingung der letzten oberen Rolle frei endet. Der Aufhängungshaken der unteren Flasche trägt die Last; an dem freien Seilende wirkt nach unten die hebende Kraft. Statt die Rollen jeder Flasche neben einander auf dieselbe Axe zu bringen, kann man die Rollen auch unter einander auf verschiedenen Axen anordnen, freilich nur, um die Übersicht der Zeichnung zu erleichtern.

b. Die Wirksamkeit des Flaschenzuges.

Wird an einem Flaschenzug die Last L durch die hebende Kraft K im Gleichgewicht erhalten, so wirkt nach dem Gesetz der Rolle die gleiche Kraft K an jedem Fadenstück, das von einer Flasche zur andern führt. Sind nun n obere Rollen und also ebensoviel untere vorhanden, so hängt L an 2 n Fadenstücken, die alle gleich belastet sind. Hätten ferner die 2 n Fadenstücke nicht nur beinahe, sondern genau die Lotrichtung, die ein tragender Faden stets annimmt, so würden wir vermuten dürfen, daß jedes Fadenstück den 2ten Teil der Last zu tragen hat und somit $K = \dfrac{L}{2\,n}$ wird. Durch den Versuch läßt sich unsere Vermutung nur schlecht bestätigen, da trotz der Anwendung von Rollen die Reibung in hohem Maße stört.

Einigermaßen läßt sich die Reibung dadurch ausschalten, daß man L allmählich so lange verkleinert, bis es langsam steigt, und danach so weit vergrößert, bis es langsam sinkt. Der Mittelwert beider hierzu nötigen Belastungen bestätigt dann etwa das angegebene Gesetz. Entsprechend ist auch in den künftigen Gleichgewichtsbeobachtungen die Reibung auszuschalten.

c. Vergleich zwischen Rolle und Flaschenzug.

Mit Hilfe einer Rolle kann die Last L durch eine ihr gleiche (oder vielmehr überlegene) Kraft gehoben werden. Der beschriebene Flaschenzug hingegen erfordert dazu (nach unserer Vermutung) nur eine 2 n mal so kleine Kraft. Während aber L bei der Rolle um die gleiche Strecke lotrecht steigt, als die hebende Kraft in ihrer Richtung vorrückt, so ist beim Flaschenzug die lotrechte Steighöhe der Last 2 n mal so klein als der gleichzeitige Weg der Kraft; denn verkürzt man jedes der 2 n (lotrechten) Fadenstücke um die Steighöhe der Last, so tritt diese gesamte Verkürzung am freien Fadenende als Verlängerung wieder auf. Diesen Vergleich zwischen Rolle nnd Flaschenzug pflegt man in dem Satze auszusprechen: Was man beim Flaschenzug an Kraft gewinnt, verliert man am Weg.

d. Begriff der Arbeit.

Um die (vermutete) Wirksamkeit des Flaschenzugs genauer auszudrücken, hat man den Begriff der (mechanischen) Arbeit erfunden. Man versteht darunter die lotrechte Hebung einer Last um irgend einen Betrag oder allgemeiner die Überwindung einer Kraft auf einem in der Kraftrichtung liegenden Weg. Als Arbeitseinheit hat man die lotrechte Hebung eines Kilogrammgewichts um ein Meter gewählt und als Meterkilogramm (*mkg*) bezeichnet; die lotrechte Hebung eines Grammgewichts um ein Centimeter wollen wir eine kleine Arbeitseinheit (*ae*) nennen. Ferner hat man festgesetzt, daß die mechanische Arbeit im einfachen Verhältnis der überwundenen Kräfte und der Hubhöhen wachsen soll, daß also eine Arbeit von $k \cdot h$ *mkg* nötig ist, um k *kgg* h m hoch zu heben. — Bei der bisher beschriebenen Arbeit, nämlich beim Heben einer Last, weicht der abwärts gerichtete Kraftpfeil zurück, nämlich nach oben; solche Arbeit heißt gewonnene Arbeit. Von ihr wird als verlorene Arbeit unterschieden das lotrechte Sinken eines Gewichts oder allgemeiner das Vorrücken eines Kraftpfeiles in seiner eigenen Richtung. — Wird nun mit Hilfe eines Flaschenzugs von 2 n Rollen eine Last von 1 *kgg* durch eine Kraft von k *kgg* um h m gehoben, so beträgt die gewonnene Arbeit $1 \cdot h$ *mkg*, dagegen die verlorene $k \cdot 2 n h$ *mkg*. Da nun (nach unserer Vermutung) k *kgg* $= \frac{1}{2n}$ *kgg* sind, so ergeben sich auch für die verlorene Arbeit $\frac{1}{2n} \cdot 2 n h = 1 \cdot h$ *mkg*; d. h. die gewonnene Arbeit ist gleich der verlorenen. Diese Erkenntnis bringt uns die Enttäuschung, daß durch den Flaschenzug im günstigsten Fall, nämlich unter Vernachlässigung der schädlichen Reibungswiderstände, verlorene Arbeit in gewonnene sich umwandeln, dagegen keine Arbeitsersparnis sich erzielen läßt.

Bemerkungen: 1) Es verdient betont zu werden, daß der genau bestimmte Begriff der mechanischen Arbeit durchaus verschieden ist von dem, was man im alltäglichen Sprachgebrauch Arbeit nennt. So verrichtet z. B. jemand, der einen Zentner eine Stunde lang hält oder in wagerechter Richtung d. h. ohne Hebung trägt, im mechanischen Sinne des Wortes keine Arbeit, da in beiden Fällen die Hubhöhe gleich 0 ist.

2) Es werden benannte Größen stets durch große Buchstaben, die entsprechenden Maßzahlen — ohne Erläuterung — durch die gleichen kleinen Buchstaben bezeichnet werden, so daß z. B. L $= 1$ *kgg* ist.

Das Werk S. Stevinus, Beghinselen der Weegkonst, Leiden 1585, ist in der Königlichen Bibliothek zu Berlin nicht vorhanden. — Vgl. die lateinische Überarbeitung in Simon Stevinus, Hypomnemata mathematica, Leiden 1608. Tom. IV: De statica, Leiden 1605, S. 169—176.

2. Der einfache Hebel.

a. Begriff des einfachen Hebels.

Die Erfahrung, daß mit Hilfe eines Hebebaums sehr große widerstrebende Kräfte überwunden werden können, stammt bereits aus vorgeschichtlicher Zeit. Dabei verfährt man, um z. B. eine Last zu heben, in zweifacher Art. Entweder greift man mit dem unteren Ende der Stange unter die Last, giebt der Stange in der Nähe jenes Endes von unten her einen festen Stützpunkt und drückt das obere Ende nieder, oder man schiebt die Stange etwas weiter unter die Last, stützt das untere Ende fest gegen den Erdboden und hebt das obere Ende.

Ist die Stange leiblich schwer, so hebt sie, passend angewendet, schon durch ihr eigenes Gewicht eine nicht geringe Last. Um diesen Krafteinfluß der Stange auszuscheiden, mußte man dieselbe gewichtlos denken; als einfachste Form wählte man die Gerade. Solche gewichtlose, um einen festen Punkt drehbare Gerade heißt ein einfacher Hebel. Der Abstand des Angriffspunktes einer Kraft vom Drehpunkt des Hebels wird ein Hebelarm genannt. Je nachdem beide Hebelarme vom Drehpunkt aus nach derselben oder nach entgegengesetzten Richtungen sich erstrecken, heißt der Hebel einarmig oder zweiarmig.

b. Der Hebelsatz.

Der entscheidende Versuch darüber, durch welche lotrechte Kraft K_1 eine andere lotrechte Kraft K_2 überwunden wird, falls die zugehörigen Hebelarme gleich A_1 und A_2 sind, ist leicht für den zweiarmigen Hebel. Als solchen benutzt man einen überall gleich dicken Stab, dessen Gewicht für den Versuch dadurch möglichst unwirksam gemacht wird, daß man ihm in der Mitte eine wagerechte Umdrehungsaxe giebt. Die Belastungen können an beliebigen Stellen des Stabes aufgehängt werden. Setzen nun die Kräfte K_1 und K_2 an den Hebelarmen A_1 und A_2 einander ins Gleichgewicht, so wird die geringste Mehrbelastung des einen Hebelarmes diesen senken, den andern heben. Jeder so angestellte Versuch ergiebt ziemlich genau, daß beide Kräfte ihre Wirkungen wechselseitig aufheben, wenn $K_1 : K_2 = A_2 : A_1$. Um danach K_2 zu überwinden, bedarf es einer Kraft, die größer ist als $\frac{A_2}{A_1} K_2$.

Der entsprechende Versuch für den einarmigen Hebel macht nötig, daß die eine der angreifenden Kräfte lotrecht nach oben wirkt. Diese Anordnung gelingt durch Rollenübertragung. Das Versuchsergebnis ist wie beim zweiarmigen Hebel; auch macht es keinen Unterschied, ob bei den beschriebenen Versuchen die Hebel wagerecht oder geneigt sind. D. h.:

An einem einfachen Hebel halten 2 lotrechte Kräfte einander im Gleichgewicht, wenn sie sich zu einander umgekehrt verhalten wie die zugehörigen Hebelarme. **(3)**

Bemerkung: Dieser wichtige Erfahrungssatz war schon im 4. Jahrhundert v. Chr. Geb. bekannt.

c. **Die gewonnene und die verlorene Arbeit.** (Bild 8a und b.)

Um die gewonnene und die verlorene Arbeit beim einfachen Hebel zu bestimmen, betrachten wir zunächst den Fall, wo der Hebel aus geneigter Lage in die wagerechte (oder umgekehrt) gedreht wird. Dabei sei die lotrechte Senkung von K_1 gleich H_1, die lotrechte Hebung von K_2 gleich H_2. Wählt man nun als Maßeinheiten das Kilogrammgewicht und das Meter, so beträgt die verlorene Arbeit $k_1 \cdot h_1$ *mkg*, die gewonnene $k_2 \cdot h_2$ *mkg*. Aus $H_1 : H_2 = A_1 : A_2$ folgt $h_1 = \frac{A_1}{A_2} h_2$, und der Hebelsatz liefert $k_1 = \frac{A_2}{A_1} k_2$, so daß die verlorene Arbeit gleich $\frac{A_2}{A_1} k_2 \cdot \frac{A_1}{A_2} \cdot h_2 = k_2 \cdot h_2$ *mkg* wird. Da man nun den Hebel aus seiner geneigten Lage in jede andere überführen kann, indem man ihn zunächst in die wagerechte Lage bringt, so gilt der Satz allgemein, daß beim einfachen Hebel (im Falle des Gleichgewichts) die verlorene Arbeit gleich der gewonnenen ist.

d. **Der Satz von der Erhaltung der Arbeit.**

Beim Flaschenzug hat sich durch nahe liegende Vermutung, beim einfachen Hebel durch genaue Messung ergeben, daß beide Vorrichtungen keinen Überschuß der gewonnenen Arbeit über die verlorene liefern. Dadurch hat sich die Hoffnung verringert, das sogenannte perpetuum mobile zu erfinden d. h. eine Maschine, die Arbeit gewinnen läßt ohne den gleichen Arbeitsverlust. Vielmehr versuchen wir — unter dem Vorbehalt ständiger Nachprüfung — die Annahme, daß bei jeder Maschine die gewonnene Arbeit V_1 gleich der verlorenen V_2 wird, wenn die angreifenden Kräfte einander ins Gleichgewicht bringen. Statt nun $V_1 = V_2$, kann man auch $V_1 - V_2 = 0$ setzen und damit die gewonnene Arbeit als positive $(+ V_1)$, die verlorene als negative $(- V_2)$ und deren Summe $[(+ V_1) + (- V_2)]$ als gesamte Arbeitsleistung auffassen. Dadurch erhält unsere Grundannahme die einfache Form:

Setzen Kräfte an einer Maschine einander ins Gleichgewicht, dann und nur dann bleibt die Gesamtarbeitsleistung der Kräfte gleich 0, welche Bewegungen die Maschine auch ausführen mag. *(4)*

Diese Grundannahme nennt man den Satz von der Erhaltung der Arbeit.

3. Die schiefe Bahn.

a. **Das Gleichgewichtsgesetz der schiefen Bahn in erster Form.** (Bild 9.)

Unter einer schiefen Bahn verstehen wir jede geradlinige Bahn, die mit der Lotrichtung einen schiefen Winkel einschließt. Erfahrungs-

3. Die schiefe Bahn.

mäßig erfordert es eine geringere Kraft K, um eine Last L längs einer schiefen Bahn als lotrecht aufwärts zu bewegen. Wird L durch einen (gewichtlosen) Faden gehalten, der in der Richtung der schiefen Bahn nach oben und weiter über eine Rolle läuft, so muß nach dem Gesetz der Rolle das freie Fadenende mit K belastet werden, damit L und K — und zwar an jeder beliebigen Stelle ihres Weges — in Ruhe bleiben. Rückt nun bei einer Verschiebung des Fadens L auf der schiefen Bahn um die ganze Länge B derselben aufwärts und also K um dieselbe Strecke lotrecht nach unten, während zugleich die lotrechte Hebung von L gleich der Höhe H der schiefen Bahn wird, so beträgt die gewonnene Arbeit $1 \cdot h$ mkg, die verlorene $k \cdot b$ mkg, und es wird nach unserer Grundannahme $k \cdot b = 1 \cdot h$ oder $\frac{K}{L} = \frac{H}{B}$. D. h.:

Wird auf einer schiefen Bahn eine Last im Gleichgewicht erhalten durch eine Kraft, die in Richtung der schiefen Bahn wirkt, so verhält sich die Kraft zur Last wie die Höhe zur Länge der schiefen Bahn. (5)

Vergl. Stevin, a. a. O. S. 34 f.

b. Bestätigung durch die Radwage. (Bild 10.)

Das vorstehende Ergebnis läßt sich durch eine schiefe Bahn von der beschriebenen Art nur ungenau und umständlich bestätigen. Sehr einfach und genau hingegen fällt die Bestätigung aus, wenn man bedenkt, daß für das Gleichgewicht eine schiefe Bahn von unendlich kleiner Länge ausreicht. Hängt nämlich die Last L von einem beliebigen Punkte am Umfang eines Rades mit wagerechter Axe lotrecht hinab, so würde bei einer unendlich kleinen Drehung des Rades die Last auf einem unendlich kurzen und daher als gerade annehmbaren Bogen sich bewegen, der mit der Lotrichtung einen schiefen Winkel einschließt, d. h. auf einer schiefen Bahn. Wird nun durch einen an das Rad geknüpften, herumgeführten belasteten Faden dasselbe ins Gleichgewicht gesetzt, so wirkt diese Fadenbelastung K vermöge der Rollenübertragung geradeso, als wenn sie in Richtung der schiefen Bahn aufwärts zielte, und es handelt sich nur noch darum, die Höhe und die Länge der schiefen Bahn an der Vorrichtung abzulesen. Zu dem Zwecke ergänze man erstens die verlängerte schiefe Bahn, zweitens den nach dem Berührungspunkt der schiefen Bahn gezogenen Radhalbmesser zu je einem rechtwinkeligen Dreieck mit je einer lotrechten und je einer wagerechten kleinen Seite; da die Seiten des zweiten Dreiecks, die im Berührungspunkt zusammenstoßen, auf zwei Seiten des ersten Dreiecks senkrecht stehen, so stimmen beide Dreiecke nicht nur in den rechten Winkeln, sondern auch in einem Paar spitzer Winkel überein und sind daher ähnlich. Infolgedessen verhält sich die Höhe zur Länge der schiefen Bahn, wie die dem Berührungspunkt gegenüberliegende Dreiecksseite zum Radhalbmesser d. h. wie die wagerechten Strecken, um welche die Aufhängungsfäden der Last und der Kraft vom Radmittelpunkte abstehen. Beide Strecken können an einem Spiegelmaß abgelesen werden, dessen Nullpunkt lotrecht unter dem Radmittelpunkte liegt, wenn man mit Hilfe der drei Stellschrauben der Fußplatte den Maßstab wagerecht macht. Die beschriebene Vorrichtung heißt eine Radwage.

Vgl. Les Méchaniques de Galilée (1564—1642), traduites de l'Italien par Mersenne. Paris 1634. Chap. IX.

c. Das Gleichgewichtsgesetz der schiefen Bahn in zweiter Form. (Bild 9.)

Die Thatsache, daß die Last L auf der schiefen Bahn durch eine kleinere Kraft K getragen wird, drückt man häufig durch die Anschauung aus, L wirke nur mit dem Teil K seiner lotrechten Kraft in der Längenrichtung der schiefen Bahn nach unten. Stellt man nun L und K durch Pfeile dar und nennt den zwischen L und der schiefen Bahn gelegenen Winkel α, so wird $K = \dfrac{H}{B} L = \cos \alpha \cdot L$ als die Ablotung von L auf die schiefe Bahn gefunden, und man gewinnt so für das Gleichgewichtsgesetz der schiefen Bahn die Fassung:

Ist eine Kraft schräg gegen eine Gerade gerichtet, so wirkt sie in Richtung der Geraden nur mit der auf die Gerade ausgeführten Ablotung. *(6)*

Nach diesem Satz wird durch eine Gerade eine Kraft P nur dann vernichtet, wenn sie senkrecht auf der Geraden steht, weil nur für $\alpha = 90°$ der in der Geraden gelegene Kraftanteil $\cos \alpha \cdot P$ verschwindet.

4. Der körperliche Hebel.

Jeden um einen festen Punkt drehbaren Körper z. B. einen Hebebaum nennen wir im Gegensatz zum einfachen Hebel einen körperlichen.

a. Einfachster Fall. (Bild 11.)

Um die Arbeit zu berechnen, die ein körperlicher Hebel durch sein eigenes Gewicht zu leisten vermag, betrachten wir zunächst den Fall, wo der körperliche Hebel nur 2 schwere Teile, K_1 und K_2, enthält, die noch dazu um ihrer Kleinheit willen als punktförmig angesehen werden sollen, während alle übrigen Hebelteile gewichtlos seien. Der unveränderliche Abstand von K_1 und K_2 heiße A. Für die gesuchte Arbeit kommt dann nur die Bewegung von A mit seinen schweren Endpunkten K_1 und K_2 in Frage. Teilt man A nach dem Hebelgesetz d. h. im umgekehrten Verhältnis von K_1 und K_2, und dreht sich A lediglich um den erhaltenen Teilpunkt, so ist für beide Kräfte die gewonnene Arbeit gleich der verlorenen oder die Gesamtarbeitsleistung gleich 0, also ebenso groß, als wenn K_1 und K_2 in dem nicht bewegten Teilpunkt angegriffen hätten. Verschiebt sich hingegen A ohne Drehung, also unter Beibehaltung seiner Richtung, so rücken alle Punkte von A — einschließlich des Teilpunktes — um die gleiche Strecke H lotrecht nach oben oder unten, und die gesamte gewonnene oder verlorene Arbeit wird gleich $(k_1 \cdot h + k_2 \cdot h) = (k_1 + k_2) h$ mkg. Da man nun A aus jeder Lage in jede andere überführen kann, indem man es erst um den erwähnten Teilpunkt dreht und danach ohne Drehung verschiebt, so ergiebt sich: Die Gesamtarbeit, welche die Gewichte K_1 und K_2 an den Enden der Geraden A bei beliebiger Bewegung leisten, ist ebenso groß, als wenn man A nach dem Hebelgesetz teilt und K_1 und K_2 nach dem Teilpunkte verlegt.

b. Vom Schwerpunkt.

α. Erster Satz. Das vorstehende Ergebnis läßt sich ohne weiteres auf jeden körperlichen Hebel anwenden. Denkt man denselben in lauter sehr kleine Teile zerlegt, deren Gewichte mit $K_1, K_2, \ldots K_n$ bezeichnet werden mögen, so verlege man zunächst K_1 und K_2 nach dem Hebelteilpunkt ihres Abstandes, vereinige dann das Gewicht $K_1 + K_2$ auf die gleiche Art mit K_3, die neue Gesamtkraft mit K_4 u. s. f., bis das Gesamtgewicht des körperlichen Hebels in den letzten Teilpunkt und also in einen einzigen Punkt verlegt worden ist, welcher Schwerpunkt des Körpers heißt. Daraus folgt:

Bei jeder beliebigen Bewegung ist die Gesamtarbeitsleistung eines ausgedehnten (starren) Körpers ebenso groß, als wenn sein Gesamtgewicht in seinem Schwerpunkt vereint gewesen wäre. (7)

β. Zweiter Satz. Es fragt sich nun, ob man stets auf denselben Schwerpunkt stößt, in welcher Reihenfolge auch immer man die Teile $K_1, K_2, \ldots K_n$ des Körpers mit einander vereinigen mag. Gäbe es zwei Schwerpunkte, so drehe man den Körper um den ersten, wobei der zweite in einer aufsteigenden Kreisbahn sich bewegen möge. Dann würde für die Gesamtarbeitsleistung des Körpers der erste Schwerpunkt den Wert 0, der zweite einen davon verschiedenen Betrag liefern, was unmöglich ist. So ergiebt sich:

Jeder Körper hat nur einen Schwerpunkt. (8)

c. Die drei Gleichgewichtsfälle.

Damit bei einem körperlichen Hebel die einzelnen Teile desselben durch ihre Schwere einander ins Gleichgewicht setzen, muß bei einer Drehung des Hebels um seinen festen Unterstützungspunkt die Gesamtarbeitsleistung des Körpers gleich 0 sein. Daß diese Bedingung bei jeder beliebigen Drehung des Hebels erfüllt ist, wenn sein Schwerpunkt in seinen Unterstützungspunkt fällt, ist bereits erwähnt. Liegt indessen der Schwerpunkt außerhalb des Unterstützungspunktes, so würde bei allen möglichen Drehungen des Körpers der Schwerpunkt auf einer Kugelfläche sich bewegen und dabei im allgemeinen eine Hebung oder Senkung erfahren. Nur 2 Punkte, nämlich den untersten und den obersten, giebt es auf der Kugelfläche, von denen aus der Schwerpunkt **nach allen** Seiten auf unendlich kurzen und daher als gerade annehmbaren Bögen ohne Änderung seiner Höhenlage d. h. ohne Arbeitsleistung sich bewegen kann, weil die erwähnten kurzen Bögen wagerecht verlaufen. Daher ist auch für die tiefste und höchste Schwerpunktslage oder, was dasselbe ist, für die Schwerpunktslagen lotrecht unter und über dem Unterstützungspunkt die Bedingung des Gleichgewichts erfüllt, so daß wir erhalten:

Jeder körperliche Hebel gerät durch seine eigene Schwere stets dann und nur dann ins Gleichgewicht, wenn sein Schwerpunkt 1) in oder 2) lotrecht unter oder 3) lotrecht über dem Drehpunkt liegt. *(9)*

d. Die Bestimmung des Schwerpunkts.

α) *Durch Zeichnung.* Für manche Körper von einfacher Gestalt läßt sich die Lage des Schwerpunktes durch Zeichnung finden. Bei einer geraden Stange z. B. von überall gleichem, sehr kleinen Querschnitt wird man die gleich schweren Stangenteile, die gleichen Abstand vom Mittelpunkte haben, paarweise mit einander vereinigen, wobei jedes Paar und somit auch der Schwerpunkt der Stange in die Mitte fällt. — Ein Blechdreieck von gleichmäßiger Dicke wird man durch Gerade, die einer Seite gleichgerichtet sind, in unendlich viele, unendlich schmale Streifen zerlegt denken, deren jeder seinen Schwerpunkt in der Mitte hat. Da nun alle jene Teilschwerpunkte auf einer Mittellinie des Dreiecks liegen, so ergiebt auch deren Vereinigung als Dreiecksschwerpunkt einen Punkt derselben Mittellinie. Ebenso aber muß der Dreiecksschwerpunkt auch auf die beiden andern Mittellinien d. h. auf ihren Schnittpunkt fallen. — Ein Blechviereck (Bild 12) teilt man durch eine Eckenlinie (A C) in 2 Dreiecke; die Verbindungsgerade beider Dreiecksschwerpunkte ($P_1 P_2$) muß zugleich den Vierecksschwerpunkt enthalten. Zieht man danach die andere Eckenlinie (BC), so entstehen zwei neue Dreiecke, deren Schwerpunkte eine zweite Verbindungsgerade ($P_3 P_4$) liefern. Der Schnittpunkt beider Verbindungsgeraden ist dann der Vierecksschwerpunkt.

β. *Durch den Versuch.* Bei Körpern von verwickelter Gestalt muß man den Schwerpunkt durch einen Versuch ermitteln. Unterstützt man den Körper in einem seiner Punkte und läßt ihn durch sein eigenes Gewicht zur Ruhe kommen, so liegt sein Schwerpunkt auf der Lotlinie des Unterstützungspunktes. Wiederholt man den Versuch für einen zweiten Unterstützungspunkt, so muß die zugehörige zweite Lotlinie die erste im gesuchten Schwerpunkt schneiden. Daß aber auch alle anderen Lotlinien der beschriebenen Art durch denselben Schwerpunkt gehen, und daß zugleich der Körper in jeder beliebigen Lage im Gleichgewicht verharrt, wenn man seinen Schwerpunkt unterstützt, — diese beiden Thatsachen bilden eine hochwichtige Bestätigung 1) für den zweiten Schwerpunktssatz, 2) für den ersten Schwerpunktssatz als die Voraussetzung des zweiten, 3) für den Satz von den drei Gleichgewichtsfällen und schließlich 4) für den Satz von der Erhaltung der Arbeit als die Quelle aller jener Folgerungen.

Vgl. Archimedes (287—212 v. Chr.) von Syrakus vorhandene Werke, aus dem Griechischen übersetzt von Ernst Nizze. Stralsund 1824. — S. 1—11: Vom Gleichgewichte der Ebenen; oder von den Schwerpunkten derselben. Erstes Buch.

5. Übungen.

1) Bei dem Potenzflaschenzug (Bild 13) ist eine Rolle beweglich in einen Faden eingehängt, dessen Anfang an einen Träger und dessen Ende an die Axe einer 2. beweglichen Rolle geknüpft ist. Die 2. Rolle hängt ebenso beweglich in einem 2. Faden u. s. f. bis zur n^{ten} beweglichen Rolle, von der aus das letzte freie Fadenende über eine feste Rolle nach unten geführt ist und das hebende Gewicht K trägt, während die Last L von der Axe der ersten beweglichen Rolle herabhängt. Alle geraden Fadenstücke sind lotrecht. Wieviel mal so groß ist L als K im Falle des Gleichgewichts? — [2 Lösungen, wobei das Gewicht der beweglichen Rollen vernachlässigt wird.]

2) Ein (oberschlächtiges) Wasserrad wird dadurch umgetrieben, daß sein Kranz mit offenen Kästen besetzt ist, die sich am höchsten Punkt des Rades mit Wasser füllen und am (nahezu) tiefsten Punkt entleeren. Welche Arbeit würde ohne Verlust bei einem Wasserzufluß von 1 cbm das Rad leisten, wenn sein Halbmesser 1,5 m beträgt?

3) Bei der Schnellwage steht der unbelastete Balken wagerecht, obgleich seine Arme verschiedene Länge haben. Der kurze, 10 cm lange Arm trägt an seinem Ende den zu wägenden Körper, während an dem langen Arm ein Kilogramm verschoben wird, bis der Balken wieder wagerecht steht. Wie muß die Teilung des langen Arms beschaffen sein, damit die Kilogrammstellung auf ihr die gesuchte Kilogrammzahl angiebt?

4) Eine Brückenwage ist durch eine Reihe von Hebelverbindungen so eingerichtet, daß bei richtiger Einstellung die Gewichtsmasse stets 10 (oder 100) mal so klein ist als die zu wägende Masse. Verschiebt man nun die Wage aus ihrer Gleichgewichtslage so, daß die kleinere Masse um sehr wenig, nämlich um 1 cm steigt, um wieviel sinkt dann die größere? — (Die Verschiebung muß so klein sein, damit die neue Lage der Brückenwage noch etwa als Gleichgewichtslage gelten darf.)

5) Zwei Rollen mit den Halbmessern R_1 und R_2 sind auf derselben wagerechten Axe befestigt und werden in engegengesetzten Wickelungsrichtungen mehrfach umschlungen von je einem (gewichtslosen) Faden, dessen Anfang in der Hohlkehle seiner Rolle festgeknüpft ist. Welche Gewichte müssen die freien Fadenenden belasten, damit Gleichgewicht besteht?

6) Ein Wellrad besteht aus einer wagerecht eingelagerten Walze, deren verlängerte Axe einen senkrecht zu ihr gestellten Seitenarm hat; um die Walze

ist ein an sie geknüpftes Seil mehrfach geschlungen, dessen freies Ende die Last L = 240 kgg trägt. Mit welcher Kraft muß man zur Hebung der Last mindestens gegen den Seitenarm in seinem Endpunkte drücken, wenn die Walze den Halbmesser R = 6 cm, der Seitenarm die Länge A = 72 cm hat? — [20 kgg.]

7) Eine Hauptaxe trage ein Schwungrad und einen Trieb, in welchen das Zahnrad einer Nebenaxe eingreift. Um die Nebenaxe ist mehrfach ein ihr angeknüpftes Seil geschlungen, das zum Heben der unten angehängten Lasten dient. Welche Last wird höchstens durch einen Druck von 1 kgg gehoben, der am Umfange des Schwungrades wirkt, wenn der Halbmesser des Schwungrades R_1 = 100 cm, des Triebes R_2 = 5 cm, des Zahnrades R_3 = 50 cm und der Nebenaxe R_4 = 2 cm beträgt? — [500 kgg.]

8) Eine Radwage mit einem Halbmesser von 150 mm trägt 7 gg und 13 gg. Welche Einstellung ergiebt sich für die größere Belastung?

9) Von einem Dreieck, dessen eine Höhe in die Richtung der Lotlinie fällt, verhalten sich die aufsteigenden Seiten wie 2 : 3. Eine schwere Kette aus 25 gleichen Gliedern sei so den beiden Seiten aufgelegt, daß sie reibungslos über den höchsten Punkt des Dreiecks hinweggleiten kann. Wieviel Glieder müßten gerade auf jeder Seite sich befinden, damit die Kette in Ruhe bleibt?

10) Wie heißt das Gleichgewichtsgesetz der schiefen Bahn, wenn die hebende Kraft nicht in Richtung der schiefen Bahn, sondern wagerecht wirkt?

11) Jedes Werkzeug, das zum Schneiden dient, heißt ein Keil (Bild 14); der senkrecht zur Schneide geführte Querschnitt des Keils sei ein gleichschenkliges Dreieck mit dem Winkel α an der Spitze; wir bezeichnen die Grundseite des Dreiecks als Rücken, die Schenkel als die Seitenflächen des Keils. Welche Kraft K muß senkrecht auf die Mitte des Rückens drücken, um die beiden gleichen Widerstände W zu überwinden, die in gleichem Abstand von der Schneide senkrecht auf die Seitenflächen wirken? — $\left[K = 2 \cdot \sin \frac{\alpha}{2} \cdot W. \right]$

12) Wie heißt das Gleichgewichtsgesetz des Keils, wenn die gleichen Widerstände W nicht (wie in 11) senkrecht auf den Seitenflächen stehen, sondern dem Rücken gleichgerichtet sind?

13) Ein Keil mit lotrechter Höhe und abwärts gerichteter Schneide habe eine Rückenbreite von 5 cm, eine Seitenlänge von 25 cm und eine Masse von 500 g. 2 gleiche Spiralfedern, die sich um je 1 cm verkürzen, wenn man sie um je 1 kgg stärker zusammendrückt, wirken senkrecht und in gleicher Höhe gegen die Seitenflächen und sind ungespannt, wenn ihre Angriffspunkte unmittelbar an der Schneide liegen. Um welche Strecken schieben sich die Federn ein, wenn zwischen ihnen der Keil vermöge seiner Schwere bis zur Gleichgewichtslage sinkt? — [Je 2,5 cm.]

14) Mit Hilfe einer Schraube soll in Richtung der Schraubenaxe ein Widerstand W überwunden werden. Welche Kraft K muß am Umfang der Spindel in Richtung der Schraubenlinie wirken, wenn die Höhe eines Schraubenganges gleich K, seine Länge gleich B ist?

15) Eine Schraubenspindel von 5 mm Ganghöhe mit lotrechter Axe hat einen wagerechten Seitenarm von 30 cm Länge. Welche Last kann durch die Schraube gehoben werden, wenn senkrecht gegen den Seitenarm ein wagerechter Druck von 10 kgg wirkt? — [Rund 3770 kgg.]

16) Ein einfacher, zweiarmiger Hebel mit Armen von 5 und 8 cm Länge sei am Drehpunkt so geknickt, daß ein Winkel von 120° entsteht; der kürzere Arm dieses Winkelhebels trägt 10, der längere 6 gg. Der Hebel soll in seinen Gleichgewichtslagen gezeichnet werden. — [Man ermittele den Schwerpunkt.]

17) Ein Hebebaum vom Gewicht G und der Länge A ist überall gleich dick und um einen Punkt drehbar, der um $^1/_4$ A vom Balkenende absteht. Welche Arbeit vermag der Hebebaum zu leisten, wenn er von seiner höchsten Schwerpunktslage in die tiefste übergeht?

18) Eine kreisförmige Platte vom Halbmesser R habe einen kreisförmigen Ausschnitt, der an den Mittelpunkt der Platte grenzt und ihren Umfang berührt. Wo liegt der Schwerpunkt der durchbrochenen Platte? — [Man versehe die Platte mit einem passend gelegenen zweiten Ausschnitt von der Form und Größe des ersten.]

19) Welcher Druck wird durch eine schiefe Bahn vernichtet, wenn sie die Last L zu tragen hat? — [Siehe 3, c.]

20) An einen Punkt greifen die Kräfte K_1 und K_2, welche den Winkel α einschließen. Es ist nach Größe und Richtung die dritte Kraft K zu zeichnen, welche an demselben Angriffspunkt K_1 und K_2 ins Gleichgewicht setzt. — [Bild 15; Man verschiebe den Punkt so, daß K erstens in seiner Richtung, zweitens in der dazu senkrechten Richtung sich bewegt; 3, c. Das Ergebnis heißt der Satz vom Kräfteparallelogramm und mag so ausgesprochen werden:

Statt zweier Kraftpfeile mit gemeinsamem Angriffspunkt darf man von demselben aus die Eckenlinie des aus beiden gebildeten Parallelogramms als Kraftpfeil ziehen.]

Dritter Abschnitt.
Von den einfachsten Bewegungen.

1. Die geradlinige Bewegung.

a. Erklärungen.

Ein Körper, der um seiner Kleinheit willen als punktförmig gelten darf, soll Massenteilchen heißen. An jeder Bewegung eines Massenteilchens unterscheidet man Geschwindigkeit und Richtung. Bei gerader Bahn fällt die Bewegungsrichtung mit der Bahn zusammen; bei krummer Bahn versteht man unter der Bewegungsrichtung die vom bewegten Massenteilchen ausgehende Berührende der Bahn. Je nachdem der Körper in beliebigen gleichen Zeiten gleiche oder verschiedene Strecken durchläuft, heißt seine Geschwindigkeit gleichbleibend oder veränderlich. Eine gleichbleibende Geschwindigkeit mißt man durch den in einer Sekunde zurückgelegten Weg W_1; hat dabei das Massenteilchen in z Sekunden den Weg W durchmessen, so ist also $W_1 = \dfrac{W}{z}$.

b. Das freie Fallen und Steigen.

α. *Das Fallen.* Brennt man den Faden eines unbewegten Lotes durch, so fällt das beschwerende Massenteilchen auf der Lotlinie zu Boden. Mit welcher Art von Geschwindigkeit es aber fällt, ist bei der Kürze der Fallzeit nicht zu sehen. Nur weil das Massenteilchen bei größerer Falltiefe schärfer aufschlägt, legen wir ihm eine wachsende Geschwindigkeit bei; d. h. wir glauben, daß die in gleichen Zeiten durchfallenen Strecken beständig zunehmen.

β. *Das Steigen.* Wirft man ein Massenteilchen (möglichst) lotrecht nach oben, so steigt es nur eine Zeit lang und desto höher, je heftiger es geworfen wurde, um danach (etwa) auf demselben Wege zum Ausgangspunkt zurückzukehren. Die Umkehr besagt, daß im höchsten erreichten Bahnpunkt die aufwärts gerichtete Bewegung und damit auch die Geschwindigkeit des Massenteilchens aufhört. Deshalb legen wir dem steigenden Massenteilchen eine abnehmende Geschwindigkeit bei; d. h. wir glauben, daß die in gleichen Zeiten durchstiegenen Strecken beständig kleiner werden.

c. Die Bewegung auf schiefer Bahn.

Läßt man das Massenteilchen nicht frei fallen, sondern auf einer schiefen Bahn aus dem Zustande der Ruhe heraus und ohne Anstoß abwärts gleiten, so ist das Anwachsen der Geschwindigkeit zu sehen und folgt auch daraus, daß bei längerer Bahn das Massenteilchen schärfer gegen die Fußleiste prallt. Ebenso ist augenscheinlich, daß die schiefe Bahn desto schneller durchlaufen wird, je steiler sie ist. Um den Einfluß der Reibung möglichst auszuscheiden, benutzt man den Kunstgriff, daß man den bewegten Körper auf Rollen d. i. auf Räder setzt. — Entsprechend wiederholt sich das vom Steigen Gesagte, wenn das angestoßene Massenteilchen auf schiefer Bahn nach oben gleitet.

d. Wichtige Folgerung.

Je sorgfältiger auf einer schiefen Bahn die Reibung vermieden ist, desto genauer bestätigt sich die Wahrnehmung, daß beim Abwärtsgleiten eine Zunahme, beim Aufwärtsgleiten eine Abnahme der Geschwindigkeit eintritt. Auf Grund dieser Thatsache vermutete Galilei, daß ohne Hebung oder Senkung d. h. beim wagerechten Seitwärtsgleiten die Geschwindigkeit des Massenteilchens gleichbliebe, wenn Reibung und Luftwiderstand sich ganz vermeiden ließen.

2. Die wagerechte Kreisbewegung.

a. Die Schwungkraft.

Soll das beschwerende Massenteilchen eines Lotes in einer wagerechten Kreisbahn geschwungen werden, so muß man mit Hilfe des Fadens auf das Massenteilchen einen merklichen Zug ausüben. Zieht man zu schwach oder zu stark, so verläßt das Massenteilchen seine Kreisbahn nach außen oder innen; das Erstere wird besonders deutlich, wenn man den geschwungenen Faden losläßt. Diese zum Innehalten

2. Die wagerechte Kreisbewegung.

einer wagerechten Kreisbahn erforderliche, nach der Kreismitte gerichtete Kraft heißt Schwungkraft.

b. Die Schwungmaschine. (Bild 16).

Statt das Massenteilchen an einem Faden mit der Hand im Kreise zu schwingen, benutzt man besser die sogenannte Schwungmaschine. Dieselbe trägt auf einer wagerechten Fußplatte eine drehbare, lotrechte Axe, die von einer kleinen (wagerechten) Rolle umgeben ist. Letztere ist mit einem großen, am Rande ausgekehlten, gleichfalls wagerechten Rade durch einen Schnurlauf verbunden. Dreht man das Rad an seinem einer Speiche aufgesetzten Handgriff, so werden diese Drehungen durch den Schnurlauf auf die Rolle und damit zugleich auf die lotrechte Schwungaxe übertragen, und zwar macht — ebenso wie bei einer Zahnradübersetzung — die Axe soviel mal mehr Umdrehungen als das Rad, als der Rollenumfang in dem Radumfang oder, was dasselbe ist, als der Rollenhalbmesser in dem Radhalbmesser enthalten ist. Der nach oben und unten hin verlängerten Schwungaxe werden die Gegenstände aufgeschraubt, deren Punkte wagerechte Kreise beschreiben sollen. — Recht gleichmäßig werden die Bewegungen der Schwungmaschine, wenn man sie im Takte eines sogenannten Taktzählers dreht, einer laut tickenden Uhr, deren Tickabstände beliebig abgeändert werden können.

c. Die drei Schwunggesetze.

Schon das geschwungene Lot läßt zweierlei erkennen:

1) Bei wagerechter Kreisbewegung wächst mit der Geschwindigkeit die erforderliche Schwungkraft. *(10)*

2) Bei wagerechter Kreisbewegung wächst mit der Masse die erforderliche Schwungkraft. *(11)*

Mit Hilfe der Schwungmaschine bestätigt sich die erste Erfahrung, wenn man der Schwungaxe einen wagerechten Teller aufsetzt, der durch eine mäßige Vertiefung in beliebigem Abstand vom Mittelpunkte eine Kugel hält; nur bei hinreichend schneller Drehung des Tellers entweicht die Kugel aus ihrer Vertiefung nach außen. — Zur Bestätigung des zweiten Gesetzes spannt man mit Hilfe eines Gestells quer über die Schwungaxe einen wagerechten Draht, auf dem zwei durchbohrte Messingkugeln, eine große und eine kleine, gleiten können; sind zunächst beide Kugeln durch einen straff gespannten Faden verbunden, welcher durch die verlängerte Schwungaxe halbiert wird, so erfordert bei den Axendrehungen zur Innehaltung der Kreisbahn die größere Kugel eine größere Schwungkraft; daher gleitet auf dem Draht die größere Kugel nach außen und reißt dabei die kleinere mit. — Ob die Schwungkraft bei unveränderter Geschwindigkeit und Masse vom Kreishalbmesser abhängt, zeigt sich, wenn man die Umfänge zweier verschiedenen, wagerechten Kreisscheiben durch einen Schnurlauf verbindet und damit beiden Umfängen gleiche Geschwindigkeiten erteilt. Liegen nun auf beiden Scheiben dicht am Umfange gleiche Kugeln in gleichen Vertiefungen, so schleudert mit zunehmender Geschwindigkeit die kleinere Scheibe zuerst ihre Kugel aus der Vertiefung nach außen. D. h.:

3) **Bei gleichen Geschwindigkeiten eines wagerecht kreisenden Massenteilchens erfordert der kleinere Kreis die größere Schwungkraft.** *(12)*

Vergl. Huygens a. a. O. S. 157—161.

d. Das Beharrungsgesetz.

Die Bewegung längs beliebig gekrümmter, wagerechten Bahnen führt man auf die Kreisbewegung zurück, indem man die krumme Bahn aus hinreichend vielen, hinreichend kurzen Kreisbögen zusammensetzt, was mit beliebiger Annäherung gelingt. Dann folgt, daß bei wagerechter Bewegung eine Krümmung der Bahn stets eine Schwungkraft fordert, die nach dem Krümmungsmittelpunkt gerichtet ist und also auf der Bewegungsrichtung senkrecht steht. Diese Folgerung liefert zusammen mit der vordem ausgesprochenen Galileischen Vermutung (1, d) das Beharrungsgesetz:

Auf einer wagerechten Ebene ohne Reibung und ohne Luftwiderstand bewegt sich jedes Massenteilchen geradlinig und mit gleichbleibender Geschwindigkeit, wenn keine wagerechten Kräfte (oder Kraftanteile) im Massenteilchen angreifen. *(13)*

Man beachte, daß wagerecht eine Ebene nur so weit ist, als von der Krümmung der Erdoberfläche abgesehen werden darf.

3. Das Pendel.

a. Zusammenhang zwischen Arbeit und Geschwindigkeit bei einem Massenteilchen.

Beim freien Fallen und Steigen, wie auch bei der Bewegung auf schiefer Bahn ist jede Senkung des bewegten Massenteilchens d. h. jeder Arbeitsverlust von einem Geschwindigkeitsgewinn, jede Hebung des bewegten Massenteilchens d. h. jeder Arbeitsgewinn von einem Geschwindigkeitsverlust begleitet. Bewegt sich aber das Massenteilchen gemäß dem Beharrungsgesetz, so findet weder eine Arbeitsleistung noch eine Geschwindigkeitsänderung statt. Dasselbe gilt von der wagerechten Kreisbewegung mit gleichbleibender Geschwindigkeit, da der Pfeil der Schwungkraft überall auf der Bewegungsrichtung senkrecht steht und also eine Verschiebung in der eigenen Richtung nicht erfährt. Daraufhin versuchen wir mit Galilei die Annahme, daß bei einem Massenteilchen ein ganz bestimmter Zusammenhang zwischen Arbeit und Geschwindigkeit stattfindet, und zwar von folgender Art:

Bei jedem Massenteilchen sind gleiche Arbeitszu- oder -abnahmen stets von gleichen Geschwindigkeitsab- oder -zunahmen begleitet und umgekehrt. (14)

b. Die Schwingungsdauer des Pendels.

Benutzt man ein Lot als Pendel, indem man das beschwerende Massenteilchen bei straffem Faden hebt und danach frei giebt, so beschreibt das Massenteilchen beständige Hin- und Hergänge oder Schwingungen auf einem Kreisbogen, der in lotrechter Ebene und mit seiner Mitte lotrecht unter dem Aufhängungspunkte liegt. Die Länge des Lotes wird als Länge, der beschriebene Kreisbogen als Schwingungsweite, die Dauer eines Hin- und Herganges als Schwingungsdauer des Pendels bezeichnet.

Die unmittelbare Beobachtung lehrt:

Bei Pendeln von gleicher Länge ist die Schwingungsdauer (nahezu) unabhängig von der Schwingungsweite und der Pendelmasse; bei Pendeln von ungleicher Länge verhalten sich die Schwingungsdauern wie die Quadratwurzeln aus den Pendellängen. (15)

Haben danach zwei Pendel die Schwingungsdauern Z_1 und Z_2 und die Längen L_1 und L_2, so ist $Z_1 : Z_2 = \sqrt{l_1} : \sqrt{l_2}$.

Galilei entdeckte die Eigenschaften des Pendels und benutzte sie bereits bei seiner (geheim gehaltenen) Erfindung der Penduluhr.

c. Bestätigung für die Verwandelbarkeit von Arbeit in Geschwindigkeit und umgekehrt. (Bild 17).

Bei hinreichender Schwingungsweite lehrt der Augenschein, daß die Pendelmasse vom Anfangspunkte ihrer Kreisbahn aus bis zur Bahnmitte sich mit wachsender Geschwindigkeit bewegt, um danach mit abnehmender Geschwindigkeit zur Ausgangshöhe wieder aufzusteigen. Dann kehrt die Pendelmasse um und wiederholt die gleiche Bewegung in der andern Richtung. Die Umkehr beweist, daß im höchsten Bahnpunkt die Pendelmasse ihre Geschwindigkeit verloren hat, d. h.: Die im Abstieg verlorene Arbeit verschaffte der Pendelmasse ihre Geschwindigkeit im tiefsten Punkt der Bahn, und diese selbe Geschwindigkeit mußte verloren werden, um dem Pendel im Anstieg genau die verlorene Arbeit wieder zu gewinnen. — Das Gleiche aber ergiebt sich, wenn man die Pendelmasse auf anders geformter Bahn aufsteigen als sinken läßt, wenn man nämlich in der Mittellage des Pendels beliebig hoch einen wagerechten Stift befestigt, welcher den Pendelfaden beim Anschlagen verkürzt. Nur in dem Falle treten Arbeits- oder Geschwindigkeitsverluste ohne gleichwertigen Gewinn ein, wenn die Verkürzung so weit getrieben wird, daß der aufsteigende Pendelfaden einen stumpfen Winkel beschreibt. Alsdann nämlich fällt die Pendelmasse nach der Umkehr zunächst lotrecht hinab und geht erst danach mit scharfem Ruck in die Pendelkreisbahn über, um im Aufstieg nicht wieder die Anfangshöhe zu erreichen. Da man nun der Pendelbahn durch beliebig viele Stifte auch außerhalb der Mittellage jede beliebige (nach oben hohle) Form mit stets gleichem Erfolge geben kann, so hat damit Galilei glänzend bestätigt:

Die Verwandelbarkeit von Arbeit in Geschwindigkeit und umgekehrt ist unabhängig von der Form der Bahn, wenn Knickungen vermieden sind. *(16)*

Daß bei jedem Pendel allmählich die Schwingungsweiten abnehmen, wird auf den Luftwiderstand zurückgeführt.

4. Die Bewegung einer Massengruppe.

a. Der Satz von der Erhaltung der Energie.

Um die Bewegung eines ausgedehnten Körpers beschreiben zu können, versuchte Huygens die Annahme:

Nicht nur bei Massenteilchen, sondern auch bei Massengruppen verwandelt sich Arbeit in Geschwindigkeit und umgekehrt. *(17)*

Man bezeichnet die einander gleichwertigen Gewinnste und Verluste an Arbeit oder Geschwindigkeit auch als Energieen und nennt dann die Annahme von Huygens den Satz von der Erhaltung der Energie.

b. Erste Folge des Energiegesetzes: Die Bewegungsrichtung einer Massengruppe.

Kräfte setzen einander an einer Massengruppe ins Gleichgewicht bedeutet, daß die einmal ruhenden Massenteile in ihrer Ruhe durch die Kräfte nicht gestört werden. Kräfte setzen einander an einer Massengruppe nicht ins Gleichgewicht bedeutet danach, daß die ruhenden Massenteile durch die Kräfte in Bewegung kommen. Befindet sich folglich die Massengruppe außerhalb einer Gleichgewichtslage in Ruhe, so wird Bewegung, also Geschwindigkeit gewonnen und somit Arbeit verloren. D. h.:

Eine Massengruppe wird durch Kräfte aus einer Ruhelage nur in eine solche neue Lage bewegt, daß dabei Arbeit verloren wird. *(18)*

Ein Stehaufmännchen z. B. richtet sich deswegen auf, weil dabei sein Schwerpunkt sinkt; und eine zunächst ruhende Kugel bewegt sich durch ihr Gewicht auf krummer Unterlage stets bergab.

4. Die Bewegung einer Massengruppe.

c. Zweite Folge des Energiegesetzes: Die drei Gleichgewichtslagen einer Massengruppe.

Besitzt eine von Kräften beeinflußte Massengruppe Lagen, von denen aus — nach einem Anstoß — sie entweder 1) keine Arbeit leisten oder 2) nur Arbeit gewinnen oder 3) nur Arbeit verlieren kann, so sind dieselben Gleichgewichtslagen der Massengruppe, die als 1) indifferent, 2) stabil und 3) labil unterschieden werden. **(19)**

Eine angestoßene Kugel z. B. wird auf einer wagerechten Ebene bei jeder Anfangsstellung keine Arbeit leisten, von dem tiefsten Punkte einer (weniger gekrümmten) Vertiefung aus aber nur sich erheben, dagegen von dem höchsten Punkte einer Kuppe aus nur sich senken können. Daß indessen, abgesehen von dem ersten selbstverständlichen Fall, die Kugel auch in der zweiten und dritten Lage im Gleichgewicht ist, wird so begreiflich. Bei der Annäherung an die zweite Lage verliert, bei der Entfernung daraus gewinnt die Kugel Arbeit; beim Durchgang durch die Lage also tritt weder Gewinn noch Verlust, somit keine Arbeitsleistung d. h. Gleichgewicht ein. Bei der Annäherung an die dritte Lage hingegen gewinnt, bei der Entfernung daraus verliert die Kugel Arbeit, so daß auch hier für den Durchgang keine Arbeitsleistung d. h. Gleichgewicht folgt. Entsprechend für jede andere Massengruppe, welche dem Energiegesetz gehorcht.

d. Dritte Folge des Energiegesetzes: Die drei Gleichgewichtsarten einer Massengruppe.

In den drei Gleichgewichtslagen verhält sich nun aber die Massengruppe z. B. die Kugel durchaus verschieden. Entfernt man nämlich eine Massengruppe aus einer Gleichgewichtslage ein wenig, so bleibt sie im indifferenten Fall auch jetzt im Gleichgewicht, kehrt im stabilen Fall in die Gleichgewichtslage zurück und entfernt sich im labilen Fall immer weiter von derselben, wie aus der ersten Folge des Energiegesetzes sich ergiebt. **(20)**

Indifferent ist das Gleichgewicht bei der Rolle, dem Flaschenzug, dem einfachen Hebel und der schiefen Bahn, stabil bei der Wage und dem Kraftmesser; alle drei Gleichgewichtsarten finden sich bei jedem körperlichen Hebel und sind auch an der Radwage zu zeigen. —

Völlig genau zu verwirklichen ist naturgemäß keine der drei Gleichgewichtslagen, am nächsten noch die stabile, da die aus ihr entfernte Massengruppe beständig in sie zurückstrebt.

Vgl. für den ganzen Abschnitt: Galileo Galilei, Unterredungen und mathematische Demonstrationen über zwei neue Wissenszweige, die Mechanik und die Fallgesetze betreffend. (1638.) Aus dem Italienischen übersetzt und herausgegeben von Arthur von Oettingen. Leipzig 1890—91. — Besonders dritter Tag, für die Pendelgesetze erster Tag.

Dritter Abschnitt. Von den einfachsten Bewegungen.

5. Übungen.

1) Zur Messung einer Schiffsgeschwindigkeit läßt man ein dreieckiges Brett, Logschiff genannt, ins Meer an der „Logleine", die in gleichen Abständen Marken, sogenannte Knoten, trägt. Ist das Logschiff so weit zurückgeblieben, daß es von dem Kielwasser des Schiffes nicht mehr mitgenommen wird, so dreht der messende Seemann eine Sanduhr um und zählt, wieviel Knotenabstände der Logleine von nun an bis zum Ablaufen der Uhr abrollen. Das Ergebnis faßt er in den Ausdruck, das Schiff laufe n (z. B. 20) Knoten; er meint damit, daß es n Seemeilen in der Stunde macht. Da nun eine Seemeile gleich einer Erdmeridianminute und ein halber Erdmeridian gleich 10 000 km ist, wieviel Meter beträgt danach die angegebene Schiffsgeschwindigkeit? Wie groß sind ferner die Knotenabstände auf der Logleine, wenn die Sanduhr eine halbe Minute läuft? (Man macht in Wirklichkeit die Abstände um je 0,6 m kleiner, zum Ausgleich dafür, daß das Logschiff durch die Leine ein wenig nachgeschleppt wird.) — [n · 0,514 m; 15,4 — 0,6 = 14,8 m.]

2) Wie ändert sich bei einem wagerecht kreisenden Körper die Schwungkraft mit der Umdrehungszahl in der Sekunde?

3) Von zwei gleichen, wagerecht kreisenden Kugeln ist die erste um 20, die zweite um 30 cm von der Schwungaxe entfernt. Wieviel Umdrehungen muß die zweite Kugel in einer Sekunde machen, wenn die erste 360 mal in der Minute ihre Kreisbahn durchläuft und beide Kugeln gleiche Umlaufsgeschwindigkeiten erhalten sollen? Wie groß ist diese Umlaufsgeschwindigkeit, und welche Kugel erfordert dabei die größere Schwungkraft? — [4; 7,540 m.]

4) Das Sekundenpendel d. h. ein solches, dessen einfache Schwingung 1 Sek dauert, ist (in Berlin) 994 mm lang. Wie lang sind die Pendel, deren einfache Schwingungen 2, $\frac{3}{4}$, $\frac{1}{2}$ Sek dauern? — [3,976 m; 559,1 mm; 248,5 mm.]

5) Eine Kugel, die auf dem wagerechten Teller einer Schwungmaschine liegt, ist mit der Schwungaxe durch einen Faden verbunden und wird immer schneller im Kreise herumgeführt, bis schließlich der Faden reißt. Wie bewegt sich die Kugel auf ihrer wagerechten Unterlage weiter? — [3, c.]

6) Ein Körper hat ein Vieleck als wagerechte Grundfläche, das Gewicht G = 50 kgg und einen Schwerpunkt, der die Höhe H = 90 cm über der Grundfläche und den Abstand A = 100 cm von einer Grundkante hat. a) In welchem Bezirk darf das Schwerpunktslot die wagerechte Grundebene treffen, ohne daß der Körper umfällt? b) Welche Arbeit ist aufzuwenden, um den Körper dadurch in die labile Gleichgewichtslage zu bringen, daß man ihn um die erwähnte Grundkante kippt? — [Das Ergebnis g (a — h) mkg = 5 mkg nennt man die Standfestigkeit des Körpers.]

7) Es ist zu beweisen, daß bei einer Radwage stabiles oder labiles Gleichgewicht eintritt, je nachdem die schwerere Belastung vom unteren oder oberen Rand des Rades herabhängt. — [Man bedenke, daß das Gleichgewicht indifferent wird, wenn an Stelle des Radumfanges die Berührende des Angriffspunktes tritt.]

8) Ein Wagebalken, dessen drei Aufhängungsschneiden einen geraden Hebel bilden, habe die Armlängen A, das Gewicht G und einen Schwerpunkt, der von der Mittelschneide den Abstand S hat. a) Als welcher Winkelhebel ist der Wagebalken aufzufassen, wenn nur die eine Endschneide das Gewicht E trägt? b) Man zeichne den Winkelhebel in seiner stabilen Gleichgewichtslage und beweise, daß dieselbe bleibt, wenn man jede Endschneide mit der gleichen Last L beschwert. c) Man berechne den Ausschlagswinkel der Wage. —
$$\left[\text{Bild 18; tg } \alpha = \frac{a \cdot e}{s \cdot g}.\right]$$

Vierter Abschnitt.
Die allgemeinsten Eigenschaften der festen Körper.

1. Die Dichte.

a. Begriff der Dichte.

Entnimmt man einem Bleiklotz an verschiedenen Stellen Stücke von gleicher Gestalt, so sind die Stücke ununterscheidbar; thut man das Gleiche bei einem geaderten Gestein, so sind die Stücke noch durch die Adern verschieden. Die Körper, bei denen beliebige Teile von gleicher Gestalt sich völlig gleich verhalten, heißen gleichartig oder homogen, die andern ungleichartig.

Eine Bleikugel und eine Eisenkugel von gleicher Größe haben neben anderen Unterschieden auch verschiedene Massen, wie schon der Tastsinn, genauer naturgemäß die Wage zeigt. Man beschreibt diesen Unterschied durch den Ausdruck, Blei sei dichter als Eisen, und nennt weiterhin von jedem gleichartigen Stoff die Masse eines Kubikcentimeters seine Dichte. *(21)*

Beträgt bei einem gleichartigen Körper die Dichte $d\,g$, die Masse $m\,g$, der Rauminhalt $i\,ccm$, so ist danach $M = i \cdot D$ oder $D = \frac{M}{i}$. Man erhält also die Dichte eines gleichartigen Körpers, wenn man seine Masse durch die Maßzahl seines Rauminhaltes teilt. Die Dichte eines Stoffes ist eins seiner wichtigsten Merkmale.

Bei einem ungleichartigen Körper nennt man $\frac{M}{i}$ seine mittlere Dichte. (Wie groß ist die Dichte des Wassers?)

b. Bestimmung der Dichte bei festen und flüssigen Körpern.

Die Dichtebestimmung eines Körpers erfordert eine Wägung und eine Raummessung. Letztere wird bei Flüssigkeiten mit der Maßflasche ausgeführt, auf deren langem Hals durch eine Marke ein bestimmter Rauminhalt z. B. von 300 *ccm* abgegrenzt ist. Bei festen Körpern wird statt dessen ein gläserner Maßcylinder benutzt, welcher durch Teilstriche seiner Höhenlinie in Cubikcentimeter eingeteilt ist. Gießt man Wasser hinein und läßt darin den zu messenden Körper untertauchen, so liefert die beim Eintauchen erfolgende Erhebung des Wasserspiegels den Rauminhalt des Körpers.

Um das genaue Verfahren der Maßflasche auch auf feste Körper anwenden zu können, macht man den engen Flaschenhals abnehmbar, indem man ihn zu einem eingeschliffenen, beiderseits offenen Röhrenstöpsel umformt und dadurch das sogenannte Dichtefläschchen schafft. Wägt man 1) die Masse des festen Körpers, 2) die Masse des Dichtefläschchens, das bis zur Marke Wasser enthält, und 3) die Masse des

Dichtefläschchens, welches den festen Körper und bis zur Marke Wasser einschließt, so liefern die Wägungsergebnisse M_1, M_2 und M_3 die gesuchte Dichte. Da nämlich die beiden ersten Massen auch bei der dritten Wägung zur Verwendung kommen, einzig vermindert um die vom festen Körper verdrängte Wassermasse, so beträgt diese Wassermasse $(m_1 + m_2 - m_3)\,g$ und nimmt folglich (ziemlich genau) einen Rauminhalt von $(m_1 + m_2 - m_3)\,ccm$ ein. Danach ist die gesuchte Dichte gleich $\dfrac{M_1}{m_1 + m_2 - m_3}$.

Bei festen Körpern, die in Wasser löslich sind, muß man natürlich eine andere Flüssigkeit von bekannter Dichte nehmen. — Es ergiebt sich für die Dichte des Messings 8,4 g, des Quecksilbers 13,6 g.

2. Die Elastizität.

a. Grundthatsachen.

Die Eigenschaft, welche die Spiralfedern zu Kraftmessern geeignet macht, wohnt den meisten festen Körpern inne und heißt Elastizität. Soll aber ein elastischer Körper seine Anfangsgestalt wieder gewinnen, sobald die Spannung aufhört, so dürfen die spannenden Kräfte eine gewisse Größe, die sogenannte Elastizitätsgrenze, nicht überschreiten; andernfalls tritt eine dauernde Gestaltänderung ein. Auch bei lang andauernden Belastungen, selbst innerhalb der Elastizitätsgrenze, pflegen die elastischen Körper nicht sogleich vollkommen die Anfangsgestalt wieder anzunehmen. Vielmehr bleibt einige Zeit hindurch ein Dehnungsrest, der elastische Nachwirkung heißt.

Die Gestaltänderungen eines elastischen Stabes sind Längenänderungen, Biegungen oder Drehungen. Die Längenänderungen sind an einem Gummifaden, die Biegungen an einem Stahlband, die Drehungen an einem Draht zu zeigen, der lotrecht aufgehängt, unten beschwert und in gleichen Abständen mit wagerechten, gleichgerichteten Papierstreifchen besetzt ist. Bei jeder Drehung des spannenden Gewichts beschreiben die tieferen Streifchen die größeren Winkel.

b. Das Hookesche Gesetz.

Die Gestaltänderungen eines elastischen Körpers wachsen innerhalb der Elastizitätsgrenze annähernd in demselben Verhältnis wie die spannenden Kräfte. (22)

Spannt man also einen elastischen Faden durch n kgg, so ist die Verlängerung n mal so groß als bei der Spannung durch 1 kgg, entsprechend bei der Biegung und der Drehung. Zugleich zeigen sich die Gestaltänderungen elastischer Körper abhängig von ihrem Stoff.

Die Schrift „Hooke, Philosophical tracts and collections; London 1678" ist in der Königlichen Bibliothek zu Berlin nicht vorhanden. — Vgl. stattdessen Robert Hooke, Lectures de Potentia Restitutiva, or of Spring Explaining the Power of Springing Bodies. To which are added some Collections. London 1678. S. 1—5.

2. Die Elastizität.

c. Begriff der vollkommenen Elastizität.

Belastet man einen elastischen Faden mit k *kgg*, so verlängert er sich um s *m*, so daß das spannende Gewicht die Arbeit k s *mkg* verliert. Fügt man noch k *kgg* hinzu und folgt der Faden nicht nur angenähert, sondern genau dem Hookeschen Gesetz, so sinken die 2 k *kgg* wieder um s *m* und verlieren also 2 k s *mkg*. Bei der dritten gleichen Belastung werden 3 k s *mkg*, bei der nten n k s *mkg*, im ganzen folglich (k s + 2 k s + 3 k s + ... n k s) *mkg* verloren. Entlastet man danach den Faden in genau entsprechender Art, so werden nach der ersten Entlastung [(n — 1) k s] *mkg*, nach der zweiten [(n — 2) k s] *mkg*, nach der letzten 0 · s *mkg*, im ganzen also [(n — 1) k s + (n — 2) k s + ... 2 k s + k s + 0] *mkg* wiedergewonnen. Danach sind n k s *mkg* mehr verloren als wiedergewonnen worden, worin n k *kgg* gleich der größten Belastung G ist. Steigert man indessen die Belastung so allmählich, daß s verschwindend klein ist, so wird auch g s *mkg* verschwindend klein und damit die wiedergewonnene gleich der verlorenen Arbeit.

Dreht man die spannende Kugel eines hängenden elastischen Drahtes um die Drahtrichtung als Axe, bis ein wagerechter Zeiger der Kugel von seiner Anfangsstellung aus den Winkel α^0 beschrieben hat, und überläßt nun die Kugel der elastischen Drehkraft des Drahtes, so beschreibt der Zeiger eine Rückwärtsdrehung, die bis zur Anfangs= stellung mit sichtlich wachsender Geschwindigkeit, jenseits derselben mit abnehmender Geschwindigkeit erfolgt, bis die Anfangsstellung um (fast) α^0 überschritten ist. Danach kehrt der Zeiger um und wiederholt seine Bewegung in der andern Richtung. Der Vorgang ist also genau wie beim Pendel. Bei der Annäherung an die Anfangslage verlieren die elastischen Kräfte soviel Arbeit, als einem Drehungswinkel von α^0 entspricht. Die erlangte Drehgeschwindigkeit der Kugel indessen bewirkt von neuem eine Drehung des Drahtes, wobei die elastischen Kräfte die gesamte verlorene Arbeit wiedergewinnen, sobald der Zeiger an seinen Umkehrpunkt und damit die Kugel zur Ruhe gelangt ist.

In beiden Fällen, des gespannten Fadens und des gedrehten Drahtes, ist (beinahe) kein Arbeitsverlust eingetreten. Solche Körper, deren elastische Kräfte die zur Spannung verbrauchte Energie ohne Verlust wiedergewinnen lassen, heißen vollkommen elastisch; Körper, deren Elastizitätsgrenze so weit über= schritten ist, daß keinerlei Energie aus ihren elastischen Kräften wieder gewonnen werden kann, heißen vollkommen unelastisch. **(23)**

Da einerseits kein Körper ohne elastische Nachwirkung, anderer= seits keiner ohne elastische Gegenkraft ist, so giebt es im strengen Sinne des Wortes weder vollkommen elastische, noch vollkommen un-

36   Vierter Abschnitt. Die allgem. Eigenschaften der festen Körper.

elastische Körper. Vielmehr kann jedem Körper nur ein mehr oder weniger hoher Grad von Elastizität beigelegt werden.

d. Die Festigkeit der Körper.

Nicht nur die elastischen, sondern auch die dauernden Gestaltänderungen der Körper haben ihre Grenze, bei deren Überschreiten die Körper in mehrere Teile zerfallen.

Die geringste für die Zerteilung eines Körpers nötige Kraft heißt seine Festigkeit. **(24)**

Je nachdem ein Zerreißen, Zerbrechen, Zerspalten u. s. f. in Frage kommt, wird die teilende Kraft die Zug-, Bruch-, Schubfestigkeit u. s. f. des beeinflußten Körpers genannt. Statt Zugfestigkeit sagt man auch Kohäsion. Bei allen Baumitteln ist die Kenntnis ihrer Festigkeit äußerst wichtig. — Die Festigkeit, welche die Körper beim Zerritzen zeigen, heißt Härte. Da (im allgemeinen) der härtere Körper den weicheren ritzt, ohne von ihm geritzt zu werden, so ist die Härte ein wichtiges Unterscheidungsmerkmal der Stoffe geworden.

3. Stoßerscheinungen.

a. Bei vollkommen elastischen Körpern.

Läßt man eine hochgradig elastische Kugel z. B. aus Elfenbein auf eine wagerechte Eisenplatte fallen, so springt nach dem Anprall die Kugel wieder aufwärts. Man deutet diesen Vorgang so, daß die Kugel an der Berührungsstelle sich abflache und infolge dieser Gestaltänderung einen elastischen Druck nach oben erfahre, der allmählich die im Fall erreichte Endgeschwindigkeit vernichte; von nun an erteile der elastische Druck, bis die Abflachung wieder zurückgegangen ist, der Kugel eine zunehmende Geschwindigkeit nach oben, vermöge deren der Aufstieg erfolge. Beim Fallen also verwandle sich Arbeit in Geschwindigkeit, bei der Abflachung Geschwindigkeit in Arbeit, bei Wiedererlangung der Kugelform Arbeit in Geschwindigkeit und beim Anstieg Geschwindigkeit in Arbeit. Daß thatsächlich eine Abplattung der Elfenbeinkugel eintritt, pflegt man durch Berußung der Eisenplatte zu zeigen; die Kugel hinterläßt einen um so größeren kreisförmigen Eindruck in der Rußschicht, aus je größerer Höhe sie gefallen ist. Da indessen vollkommen elastisch keine Kugel ist, so tritt ein Energieverlust ein, welcher die Steighöhe der Kugel kleiner als die Fallhöhe macht.

b. Bei vollkommen unelastischen Körpern.

Läßt man eine sehr wenig elastische Kugel z. B. aus handwarmem Klebwachs auf die Tischplatte fallen, so springt die Kugel nicht wieder aufwärts, sondern die gewonnene Geschwindigkeit geht in der Gestaltänderungsarbeit der Kugel verloren. Der gleiche Fall eines unelastischen Stoßes liegt vor, wenn man durch Hammerschläge einen Nagel in Holz treibt. Ist das Gewicht des Hammers K, seine Fallhöhe H und bringt bei jedem Schlag der Nagel um x m ein, so verliert der Hammer bei jedem Schlag die Arbeit k (h + x) mkg. Beträgt ferner die Schubfestigkeit des Holzes gegenüber dem Nagel s kgg, so leistet der Nagel im Einsinken die Arbeit sx mkg. Wird nun die gesamte Energie des Hammers in der Gestaltänderungsarbeit des Holzes verloren, so ist k (h + x) = s x und somit $X = \frac{k}{s-k} H$. Beispiel: K = 1 kgg, H = 0,3 m, S = 301 kgg. Der Reibung wegen ist X in Wahrheit kleiner.

4. Die Reibung.

a. Begriff der Reibung.

Jeder Körper, der auf der Oberfläche eines andern sich bewegt, erfährt eine ihm widerstrebende Kraft, die man Reibung nennt und die ihm einen Teil seiner Geschwindigkeit raubt. Je nachdem der bewegte Körper gleitet oder rollt, nennt man auch die Reibung gleitend oder rollend.

b. Bestimmung der Reibung und Reibungsgesetze.

Die Bestimmung der Reibung ist schwer und gelingt daher nur angenähert; doch reicht für die meisten Bedürfnisse das folgende Verfahren aus. Ein Holzklotz in Quaderform werde an einem Kraftmesser mit etwa gleichbleibender Geschwindigkeit über eine wagerechte Holzplatte gezogen. Wäre keine Reibung vorhanden, so müßte nach dem Beharrungsgesetz Galileis der Holzklotz seine Geschwindigkeit auch ohne Kraftantrieb behalten; thatsächlich indessen muß der Reibungswiderstand überwunden und also Arbeit geleistet werden; die hierzu nötige Kraft ist ohne weiteres am Kraftmesser abzulesen. Dabei ergiebt sich für die gleitende Reibung:

1) **Die Reibung ist unabhängig von der Größe und Form der Reibungsfläche,** *(25)*
wie sich zeigt, wenn man verschiedene Seiten des Holzklotzes als Grundflächen benutzt.

2) **Die Reibung wächst in demselben Verhältnis wie der auf die Reibungsfläche ausgeübte Druck;** *(26)*
zur Bestätigung braucht man den Holzklotz nur verschieden zu belasten.

3) **Die Reibung hängt ab von der Rauhigkeit der Reibungsflächen und von ihrem Stoff.** *(27)*

38 Vierter Abschnitt. Die allgem. Eigenschaften der festen Körper.

Die rollende Reibung, die in gleicher Art ermittelt werden kann, wenn man dem Holzklotz zwei Walzen unterlegt, wird etwa 100 mal so klein gefunden als die gleitende. Daraus erklärt sich, warum man die drei Umdrehungsaxen des Wagebalkens durch wagerechte Schneiden ersetzt, denen die Aufhängungsringe sich anlegen.

(Daß die Reibung von den Geschwindigkeiten mittleren Grades unabhängig wäre, hat sich dem Verfasser nicht bestätigt.)

c. Der Wert des Rades.

Aus den Reibungsgesetzen wird klar, warum die Rolle und beim Wagen das Rad die Reibung vermindern. Es belaste der Wagen jedes Rad mit k kgg. Dann ist nach dem 2. Gesetz die gleitende Reibung ein Bruchteil von K z. B. gleich 0,4 K, während die rollende Reibung etwa 100 mal kleiner, also gleich 0,004 K sei. Beim Rade wirkt rollende Reibung am Umfange des Rades vom Halbmesser R, gleitende am Umfang der Axe vom Halbmesser R_1. Ist nun die gleitende Reibung am Rad- und Axenumfang gleich, so würde das rollende Rad die Reibungsarbeit $(0{,}004\,k \cdot 2\pi r + 0{,}4\,k \cdot 2\pi r_1)$ mkg, das gebremste die Arbeit $0{,}4\,k \cdot 2\pi r$ mkg zu leisten haben, wenn der Wagen um den Radumfang $2\pi R$ vorrückt. Beim Vorrücken um 1 m sind folglich in beiden Fällen die Arbeiten $\left(0{,}004 + 0{,}4\,\dfrac{r_1}{r}\right)k\ mkg$ und $0{,}4\,k\ mkg$ zu leisten. Je kleiner somit $\dfrac{r_1}{r}$, desto geringer ist die Reibungsarbeit beim Rollen. Ist z. B. $\dfrac{r_1}{r} = \dfrac{1}{10}$, so wird beim Rollen die Arbeit $\dfrac{0{,}4\,k}{0{,}044\,k} = 9$ mal so klein als beim Gleiten des (gebremsten) Rades. Da nun bei wagerechter Bewegung der Lasten einzig Reibungsarbeit zu leisten ist, so begreift sich der ungeheure wirtschaftliche Wert der Erfindung des Rades. — Der kleinste Wert für $\dfrac{r_1}{r}$ wird beim „Spitzenlager" guter Rollen erreicht, deren kegelförmig zugespitzte Axenenden kegelförmigen Vertiefungen eingelagert sind.

(Infolge der Reibung rückt der Stützpunkt der Axe in ihrem Lager ein wenig vor, so daß die Axe nicht auf dem tiefsten, sondern einem geneigten Gebiet des Lagers ruht und somit das Lager nur mit einem Kraftanteil von K belastet. Wird dieser Umstand mit berücksichtigt, so stellt sich das Ergebnis für das Rad noch günstiger.)

Anmerkung: Wegen der Abhängigkeit der gleitenden Reibung vom Stoff der Reibungsflächen nimmt man zwischen den einander berührenden Flächen eine besondere Anziehungskraft, die Adhäsion, an. Die rollende Reibung indessen ist wohl fast ausschließlich auf die elastische Einbiegung und auf die Rauhigkeit der Räder und der Unterlage zurückzuführen, so daß es eine irreleitende Bezeichnung ist, wenn man Adhäsionsbahnen und Zahnradbahnen unterscheidet. Ist die Einbiegung so stark wie beim Schnee, so kann die rollende Reibung größer als die gleitende werden.

d. Innere Reibung.

α. Der Energieverlust bei unvollkommener Elastizität. Da bei den Gestaltänderungen eines elastischen Körpers die Teilchen desselben sich gegen einander verschieben und, falls sie Nachbarteilchen sind, einander berühren, da andererseits bei unvollkommen elastischen Körpern zugleich Energieverluste eintreten, so vermutet man, daß bei der Gestaltänderung eines unvollkommen elastischen Körpers die Nachbarteilchen sich an einander reiben. Diese Art von Reibung heißt innere Reibung des Körpers.

Auf innere Vorgänge der Körper führt man alle Energieverluste zurück, die durch äußere Reibung sich nicht erklären lassen, besonders die Energieverluste bei unstetiger d. h. stoßweiser Geschwindigkeitsänderung der Massen. *(28)*

β. Die Wirkung der Schmiermittel. Schon aus altägyptischer Zeit stammt die Erfahrung, daß die Reibung sich vermindert, wenn man die Reibungsflächen mit weichen Stoffen überzieht oder mit einer Flüssigkeit benetzt. Grüne Seife, Vaseline und vor allem Öl sind besonders wirksam. Gleiten z. B. zwei geölte Metallflächen auf einander, so haftet das Öl auf dem Metall durch Adhäsion, und es gleiten also in Wahrheit nicht zwei Metallflächen, sondern zwei Ölflächen auf einander. Die äußere Reibung des Metalls ist folglich durch die sehr geringe innere des Öls ersetzt. In dem Umstand, daß man leichter eine Axe als eine Straße schmieren kann, liegt ein weiterer erheblicher Vorteil des Rades.

5. Übungen.

1) Wenn man in einen Maßcylinder mit ccm-Teilung $M = 600\,g$ Eisen einsenkt, so steigt der Wasserspiegel von Strich $a = 176$ auf $b = 256$. Welche Dichte hat Eisen? — [$7,5\,g$.]

2) Eine Maßflasche wiegt leer $M = 54,3\,g$, gefüllt mit Wasser $M_2 = 351,3\,g$, gefüllt mit Alkohol $M_3 = 289,9\,g$. Welche Dichte hat Alkohol? — [$0,793\,g$.]

3) Ein Dichtefläschchen wiegt gefüllt mit Wasser $M_1 = 50,217\,g$, nach Einsenken von $M_2 = 2,102\,g$ Aluminium $M_3 = 51,511\,g$. Welche Dichte hat Aluminium? — [$2,60\,g$.]

4) Ein Dichtefläschchen wiegt mit Petroleum von der Dichte $D = 0,815\,g$ gefüllt $M_1 = 43,582\,g$, nach Einsenken von $M_2 = 1,171\,g$ Natrium $M_3 = 43,775\,g$. Welche Dichte hat Natrium? — [$0,98\,g$.]

5) Durch welche Kraft wird eine Spiralfeder bei einer Verlängerung um $54,2\,mm$ gespannt, wenn sich die Feder bei einer Belastung mit $150\,gg$ um $86,3\,mm$ dehnt? — [$94,2\,gg$.]

6) Ein Stahldraht von $1\,m$ Länge und $1\,qmm$ Querschnitt verlängert sich bei der Belastung mit $1\,kgg$ um $A = 48\,\mu$. Wieviel beträgt die Verlängerung eines Stahldrahtes bei der Belastung mit $K = 3\,kgg$, a) wenn bei unverändertem Querschnitt die Länge $L = 4\,m$ wird, b) wenn bei unveränderter Länge der Querschnitt $Q = 2\,qmm$ wird, c) wenn die Länge gleich L, der

40 Fünfter Abschnitt. Die allgem. Eigenschaften der Flüssigkeiten.

Querschnitt gleich Q wird? — [Man denke den Draht vom Querschnitt Q in Teildrähte vom Querschnitt 1 qmm zerlegt. — 576 μ; 72 μ; 288 μ.]

7) Ein Gummiball fällt aus $H_1 = 90$ cm Höhe zur Erde und steigt wieder zur Höhe $H_2 = 81$ cm auf. Wieviel Prozent Energie sind verloren worden? Welche Höhe würde er nach $n = 3$ maligem Abprallen noch erreichen, wenn die Verlustprozente sich nicht änderten? — [10%; 65,61 cm.]

8) Ein Rammbär von $K = 200$ kgg hat eine Fallhöhe $H = 80$ cm und treibt bei jedem Schlag den getroffenen Pfahl um $A = 1$ cm ein. Wie groß ist einschließlich der Reibung die Schubfestigkeit des Bodens? — [16200 kgg.]

9) $K = 10$ kgg gleiten wagerecht $B = 1$ km weit mit einer Reibung, die für je 1 kgg Druck der Reibungsfläche $R = 0,3$ kgg beträgt. Welche Arbeit ist bei der Bewegung zu leisten? — [3000 mkg.]

10) Die gleiche Frage wie 9) für eine schiefe Bahn, die gegen die Lotlinie um $\alpha = 89°$ geneigt ist, a) bei aufwärts, b) bei abwärts gehender Bewegung. — [Man berechne zunächst nach II, 3, c den auf die schiefe Bahn wirkenden Druck. — 3174 mkg; 2825 mkg.]

11) Bei einer Rolle von $R = 5$ cm Halbmesser und $M = 100$ g Masse liegen die Axenkegel auf Kreisen von $R_1 = 1$ mm Halbmesser in ihrem Lager. Die Enden des herumlaufenden (gewichtlosen) Fadens tragen je $K = 50$ gg. Die rollende Reibung des Fadens betrage $1/100$, die gleitende der Axe $1/5$ der Gesamtbelastung. Welches Übergewicht muß man dem einen Fadenende geben, wenn die Rolle, in der Kraftrichtung des Übergewichts angestoßen, mit gleichbleibender Geschwindigkeit sich weiter drehen soll? (Von der Verschiebung des Axenstützpunktes wird abgesehen.) — [1,826 gg.]

Fünfter Abschnitt.
Die allgemeinsten Eigenschaften der Flüssigkeiten.

Vorbemerkung: Von der inneren Reibung und etwa vorhandener Elastizität der Flüssigkeiten sehen wir ab; vielmehr setzen wir unbedingte Beweglichkeit der Teilchen und Unveränderlichkeit des Rauminhalts voraus.

1. Vom Gleichgewicht offener Flüssigkeiten.
a. Der Flüssigkeitsspiegel.

α. *Die Form und Lage desselben.* Offen heißt eine Flüssigkeit, die an den freien Luftraum grenzt. Ihre Grenzfläche gegen die Luft heißt der Flüssigkeitsspiegel. Letzterer ist, solange von der Krümmung der Erdoberfläche abgesehen werden darf, bei ruhenden Flüssigkeiten eine Ebene, deren wagerechte Lage auf das genaueste festgestellt werden kann, wenn man ein Lot in der Flüssigkeit sich spiegeln läßt; der Faden fällt dabei, von allen Seiten aus gesehen, mit seinem

1. Vom Gleichgewicht offener Flüssigkeiten.

Spiegelbilde in dieselbe Gerade, die also (nach I, 1, a, γ) auf dem Flüssigkeitsspiegel senkrecht steht.

β. Die Libelle. An Form und Lage eines Flüssigkeitsspiegels wird bekanntlich nichts geändert, wenn man das Flüssigkeitsgefäß unter Belassung eines Luftraums schließt. Darauf beruht die Libelle, mit deren Hilfe man Wagerechtstellungen prüft. Die Dosenlibelle (Bild 19) besteht aus einer flachen Dose, deren Glasdeckel auf der Innenseite kugelförmig ausgeschliffen ist. Gefüllt ist sie bis auf eine unter dem Deckel sichtbare Luftblase mit Äther oder Alkohol, weil diese Flüssigkeiten besonders leichtflüssig sind. Die Einrichtung ist so getroffen, daß der stets wagerechte Spiegel und also auch die Blase dann (und nur dann) unter der durch einen Kreis bezeichneten Mitte des Deckels sich befindet, wenn die Grundplatte der Libelle wagerecht steht. Bei der Röhrenlibelle ruht auf der Grundplatte statt der Dose eine Röhre, die innen tonnenförmig ausgeschliffen ist. Auch hier bezeichnen Teilstriche diejenige Stellung der Luftblase, für welche die Längsrichtung der Grundplatte wagerecht ist. Da die Röhrenlibelle zur Wagerechtstellung einer Ebene zwei Aufstellungen nötig macht, so ist sie umständlicher zu handhaben als eine Dosenlibelle, dafür aber erheblich empfindlicher.

b. Vom Schwimmen der Körper.

α. Die Sätze des Archimedes. Taucht man ein Lot in Wasser, so vermindert sich merklich das Lotgewicht und sinkt bei schwimmenden Körpern sogar auf null, wie schon der Tastsinn zeigt. Messen ließe sich der Gewichtsverlust, wenn man das Lotgewicht vor und nach dem Eintauchen mit Hilfe des Kraftmessers oder der Wage feststellt. Archimedes indessen fand den Gewichtsverlust durch Überlegung. — (Bild 20.) Denkt man den Faden des Lotes um eine Rolle gelegt und den belastenden Lotkörper völlig unter Wasser getaucht, so werde Gleichgewicht durch die Belastung K des freien Fadenendes hergestellt. Senkt man nun den Lotkörper um H, so verdrängt er aus seiner Endstellung das Wasser, während seine Anfangsstellung sich mit Wasser füllt, d. h. die verdrängte Wassermasse (nicht gerade das verdrängte Wasser) steigt um H; zugleich hebt sich K um die gleiche Strecke. Hat der Lotkörper die Masse M, den Rauminhalt I, so wird bei der Verschiebung verloren die Arbeit m h *mkg*, gewonnen (k h + i h) *mkg*. Da aber durch die Verschiebung das Gleichgewicht der Rolle nicht gestört wird, ergiebt sich m h *mkg* = (k h + i h) *mkg* oder (m — k) *kgg* = i *kgg*; entsprechend für jede andere Flüssigkeit. In Worten:

Durch Eintauchen vermindert sich jedes Körpergewicht um das Gewicht der verdrängten Flüssigkeit. *(29)*

Bei schwimmenden Körpern braucht man nur den untertauchenden

Teil von dem in Luft befindlichen zu trennen und zu bedenken, daß K verschwindet, um zu finden:

Die Masse eines schwimmenden Körpers ist gleich der Masse der verdrängten Flüssigkeit. *(30)*

Zur Bestätigung (Bild 21) pflegt man ein Messingstück und seine Gußform an den einen Arm einer Wage zu hängen und letztere dann ins Gleichgewicht zu setzen. Läßt man das Messingstück in ein gehobenes Glas Wasser tauchen, so muß man die Gußform gerade mit Wasser füllen, um das gestörte Gleichgewicht der Wage wiederherzustellen. Viel genauer allerdings verfährt man, wenn nach Feststellung des Gewichtsverlustes der Rauminhalt des untergetauchten Körpers mit Hilfe des Maßcylinders ermittelt wird. Aus den Sätzen des Archimedes folgt, daß jeder Körper in einer Flüssigkeit von geringerer Dichte untersinkt, auf einer Flüssigkeit von größerer Dichte schwimmt.

Vgl. Archimedes a. a. O. S. 224—231: Von schwimmenden Körpern. Erstes Buch.

β. Die Senkwage. (Bild 22.) Auf dem zweiten Satz des Archimedes beruht die Senkwage, mit deren Hilfe man Flüssigkeitsdichten mißt. Es ist dies eine geschlossene Glasröhre, die unten hinreichend beschwert ist, um aufrecht in der vorgelegten Flüssigkeit zu schwimmen. Da nun die Masse der verdrängten Flüssigkeit stets gleich der Masse der Senkwage ist, so sinkt, beziehungsweise steigt die Senkwage zugleich mit der Flüssigkeitsdichte. Daher kann aus der Eintauchstiefe auf die Flüssigkeitsdichte geschlossen werden. Statt der Eintauchstiefe indessen liest man die Dichte unmittelbar an der passend geteilten Senkwage ab. Solche Teilung gelingt, wenn man durch Flüssigkeiten von bekannten Dichten mehrere Teilpunkte gewinnt und die Zwischenräume weiterhin in gleiche Abschnitte zerlegt; die Abschnitte verschiedener Zwischenräume fallen dabei verschieden aus. Da jede Senkwage nur einen bestimmten Dichtebezirk beherrscht, so bedarf man für sehr dichte, mittlere und wenig dichte Flüssigkeiten verschiedener Senkwagen.

c. Der Flüssigkeitsdruck.

α. Die Druckrichtung. Daß eine Flüssigkeit auf ihre Gefäßwände einen nach außen gerichteten Druck ausübt, empfindet man bei dem Bemühen, den geöffneten Hahn einer Wasserleitung mit dem Finger zu verschließen.

Der Druck, den eine ruhende Flüssigkeit auf die Gefäßwand ausübt, steht überall auf der Gefäßwand senkrecht; *(31)*
denn bei schiefer Druckrichtung würden die Flüssigkeitsteilchen an der Wand eine schiefe Bahn gewinnen und folglich daran entlang gleiten,

1. Vom Gleichgewicht offener Flüssigkeiten.

was der vorausgesetzten Ruhe widerspricht. Unter Gefäßwand wird dabei die Grenzfläche der Flüssigkeit gegen jeden fremden Körper, selbst gegen eine andere Flüssigkeit, verstanden. — Daß gegen eine passend gehaltene Gefäßwand die Flüssigkeit sogar nach oben drückt, bestätigt sich an einem Cylinder, der unten durch eine angedrückte Messingplatte wasserdicht geschlossen ist. Senkt man den Cylinder hinreichend tief in Wasser und giebt dann die Verschlußplatte frei, so sinkt sie entgegen den Sätzen des Archimedes nicht, sondern wird durch den aufwärts gerichteten Wasserdruck getragen. Den Druck, den eine Flüssigkeit durch ihr Gewicht nach oben ausübt, nennt man Auftrieb.

β. *Der Stevinsche Satz*. Hebt man ein wagerechtes Vieleck so, daß seine Ecken Lotlinien beschreiben, so durchstreicht es einen Raum, den man ein gerades Prisma nennt. Das Vieleck heißt die Grundfläche F, seine Hubhöhe die Höhe H des Prismas. In der Raumlehre wird bewiesen, daß der Rauminhalt I eines Prismas $f \cdot h$ ccm beträgt, wenn F in qcm, H in cm gemessen ist. Der Cylinder ist ein Prisma mit kreisförmiger Grundfläche.

Um den Druck zu finden, welchen die Gefäßwand von seiten der Flüssigkeit erfährt, denken wir die Fläche F der Gefäßwand herausgeschnitten und verstöpselt (Bild 23). Damit der reibungslos gleitende Stöpsel, gewöhnlich Stempel genannt, nicht ausgetrieben wird, muß er durch eine Kraft K gehalten werden, die senkrecht auf F steht und nach dem Innern der Flüssigkeit gerichtet ist. Verschiebt man nun den Stempel um die Strecke S entgegen der Richtung von K, so erweitert sich das Gefäß an der Stempelstelle um $f \cdot s$ ccm, während der Spiegel um die gleiche Flüssigkeitsmenge sinkt. Das Ergebnis der Flüssigkeitsverschiebung ist somit dasselbe, als wenn $f \cdot s$ ccm Flüssigkeit vom Spiegel bis zur h cm tiefer gelegenen Stempelstelle gesunken wären. Ist nun S so klein, daß der Flüssigkeitszustand und also auch K bei der Verschiebung sich nicht merklich ändert, so wird durch die Verschiebung das Gleichgewicht nicht gestört und folglich die gewonnene Arbeit $k \cdot s$ *ae* gleich der verlorenen. Bei einer Flüssigkeit von der Dichte D ist aber das gesunkene Flüssigkeitsgewicht gleich $f \cdot s \cdot d$ *gg*, daher die verlorene Arbeit gleich $f \cdot s \cdot d \cdot h$ *ae* und schließlich $k \cdot s$ *ae* $= f \cdot s \cdot d \cdot h$ *ae* oder $K = f \cdot d \cdot h$ *gg*. Da nun $f \cdot h$ ccm der Inhalt eines Prismas von der Grundfläche F und der Höhe H, somit $f \cdot h \cdot d$ g die Masse und $f \cdot h \cdot d$ *gg* das Gewicht eben jenes mit Flüssigkeit gefüllten Prismas ist, so lautet das Ergebnis:

Der Druck, den eine ruhende Flüssigkeit durch ihr Gewicht auf ein Flächenstück der Gefäßwand ausübt, ist gleich dem Gewicht eines mit derselben Flüssigkeit gefüllten Prismas, welches das Flächenstück zur Grundfläche und den (lotrechten) Abstand des Flächenstücks vom Spiegel zur Höhe hat.

(32)

Bei nicht wagerechten Flächenstücken muß man den Druck stets für ein so kleines Flächenstück berechnen, daß die Spiegelabstände verschiedener Punkte des Flächenstücks noch als gleich gelten dürfen.

γ. Verbundene Gefässe (Bild 24). Eine Bestätigung des Stevinschen Satzes gelingt, wenn man die Flüssigkeiten zweier Gefäße (z. B. Wasser und Quecksilber) durch eine Röhre verbindet und dadurch an einander grenzen läßt. Sind die Dichten der Flüssigkeiten D_1 (1 g) und D_2 (13,6 g) und liegen die Spiegel um H_1 und H_2 höher als die gemeinsame wagerechte Grenzfläche Q, so erfährt letztere von seiten der ersteren Flüssigkeit (Wasser) den abwärts gerichteten Druck $q \cdot h_1 \cdot d_1$ gg, von seiten der zweiten (Quecksilber) den aufwärts gerichteten Druck $q \cdot h_2 \cdot d_2$ gg, so daß im Falle des Gleichgewichts $q \cdot h_1 \cdot d_1 = q \cdot h_2 \cdot d_2$ oder $H_1 : H_2 = D_2 : D_1$ (13,6 : 1) wird. D. h.:

Bei zwei verbundenen Gefäßen mit zwei verschiedenen Flüssigkeiten verhalten sich die (lotrechten) Abstände beider Spiegel von der gemeinsamen Grenzfläche umgekehrt wie die Flüssigkeitsdichten. *(33)*

Enthalten die verbundenen Gefäße dieselbe Flüssigkeit, so werden die Dichten und damit auch die Spiegelabstände gleich, so daß sich ergibt:

Enthalten verbundene Gefäße dieselbe Flüssigkeit, so liegen die Spiegel in derselben wagerechten Ebene. *(34)*

Der Bodendruck einer Flüssigkeit ist somit von der Form und Größe des Gefäßes unabhängig.

Stevin a. a. O. S. 119 ff. S. 145—148.

2. Vom Gleichgewicht gepreßter Flüssigkeiten.

a. Der Druck der Gefäßwände.

Unter einer gepreßten Flüssigkeit verstehen wir eine allseitig eingeschlossene Flüssigkeit, die mit Hilfe eines Stempels einen so starken Druck erfährt, daß daneben der durch den Stevinschen Satz geforderte Bodendruck und damit zugleich das Flüssigkeitsgewicht vernachlässigt werden darf. Der erwähnte Stempel decke f_1 qcm der Gefäßwand und werde mit der Kraft K_1 in die Flüssigkeit hineingepreßt (Bild 25). Um die Kraft K_2 zu finden, wodurch ein zweiter Stempel mit der Druckfläche F_2 eingetrieben werden muß, um gegen den Flüssigkeitsdruck im Gleichgewicht zu bleiben, verschiebe man den ersten Stempel um S_1 in der Kraftrichtung von K_1, wobei der zweite um S_2 entgegen der Richtung von K_2 austrete. Ist das Gleichgewicht nicht gestört, so muß einerseits $k_1 \cdot s_1$ $ae = k_2 \cdot s_2$ ae und anderseits die Gefäßverminderung $f_1 \cdot s_1$ ccm am ersten Stempel gleich der Gefäßerweite-

2. Vom Gleichgewicht gepreßter Flüssigkeiten.

rung $f_2 \cdot s_2$ ccm am zweiten Stempel sein. Durch Division entsteht $\frac{k_2}{f_2} = \frac{k_1}{f_1}$ oder $K_2 : K_1 = F_2 : F_1$ d. h.:

Die Drücke, die bei einer gepreßten Flüssigkeit auf verschiedenen Flächenstücken der Gefäßwand lasten, verhalten sich wie diese Flächenstücke. *(35)*

b. Die Wasserpresse.

Sind der Wandung gepreßten Wassers zwei Stempel eingepaßt, deren Druckflächen sich wie 1 : n (z. B. wie 1 : 100) verhalten, so bewirkt jeder auf den kleinen Stempel ausgeübte Druck den n-fachen Druck der größeren Stempelfläche. Solche Vorrichtung heißt Wasserpresse (Bild 26) und wird zur Erzeugung sehr starker Drücke viel gebraucht. Der Hauptteil der Presse ist ein starkwandiger, geschlossener Cylinderraum, in dessen Deckfläche vermittels einer Lederdichtung der große Stempel eingesetzt ist. Hineingepreßt wird das Wasser in diesen Druckcylinder durch eine Pumpe. Dieselbe besteht einerseits aus der lotrechten Pumpenröhre, in der ein wasserdicht schließender Stempel mit kleiner Druckfläche sich auf- und abbewegen läßt, und anderseits aus zwei Ventilen. Darunter versteht man eine unten geschliffene Platte, welche den wagerechten, in der Mitte durchbohrten, gleichfalls geschliffenen Boden eines Hohlraums deckt; zum Zwecke besseren Schlusses sind die geschliffenen Flächen eingefettet. Durch Druck von oben schließt sich solch Ventil, wogegen es aufsteigendes Wasser nicht hindert, durch die Bodenöffnung in den Hohlraum einzutreten. Bei dem ersten oder Saugventil steht die Bodenöffnung durch das sogenannte Saugrohr mit einem Wasserbehälter, der Hohlraum mit der Pumpenröhre und weiter mit der Bodenöffnung des zweiten oder Druckventils in Verbindung, wogegen an den Hohlraum des letzteren sich der Druckcylinder anschließt.

Wie eine gewöhnliche Spritze sich mit Wasser füllt, wenn man bei untergetauchter Spitze den Stempel zurückzieht, so tritt auch bei jedem Hub des Pumpenstempels durch das erste Ventil Wasser in die Pumpenröhre, während das zweite Ventil geschlossen bleibt; jeder Niedergang des Pumpenstempels aber schließt das erste Ventil, preßt durch das gehobene zweite Ventil das Wasser in den Druckcylinder und treibt den großen Stempel aufwärts. Zwischen die obere Stirnfläche des großen Stempels und ein durch starke Säulen gehaltenes Widerlager kommen die zu pressenden Gegenstände. Zum Füllen und Entleeren der Presse dienen passend angebrachte Hähne. — Die Pumpe wurde vor etwa 2000 Jahren, die Wasserpresse vor etwa 100 Jahren erfunden.

3. Über Flüssigkeitsbewegungen.

a. Der Springbrunnen.

Leitet man Wasser aus einem Behälter zu einer tiefer gelegenen, lotrecht nach oben gerichteten Ausflußmündung, so entsteht ein Springbrunnen. Um zu ermitteln, bis zu welchem Umkehrpunkt die Wasserteilchen aufsteigen, bedenke man, daß jeder austretende Wassertropfen den Spiegel des Behälters um die gleiche Wassermenge sinken läßt. Der mit der Abwärtsbewegung des Wassers verbundene Arbeitsverlust ist somit der gleiche, als wenn die austretende Wassermasse vom Spiegel bis zur Mündung sinkt. Da die so gewonnene Geschwindigkeit des Wassers beim Aufsteigen wieder in Arbeit umgewandelt wird, so reicht die Steighöhe des Springbrunnens bis zur Spiegelebene des Behälters, falls der Spiegel als ruhend und somit als sehr groß gegenüber der Ausflußmündung angenommen werden darf. Daß die thatsächliche Steighöhe hinter der berechneten zurückbleibt, ist durch innere Reibung des Wassers zu erklären, die einen Energieverlust herbeiführt.

b. Die Turbine.

Bei einem aufrecht stehenden Wassercylinder erfährt die Gefäßwand einen Druck, der für alle qcm gleicher Tiefe gleich ist. Denkt man aus der Gefäßwand durch zwei wagerechte Ebenen einen schmalen Ring ausgeschnitten, so wird auf ihm jeder Druck durch den gleichen, genau entgegengerichteten der entferntesten Ringstelle ins Gleichgewicht gesetzt. Nimmt man aber ein Stück der Wandung an einer Stelle des Ringes heraus, so bleibt der Wanddruck der genau gegenüberliegenden Ringstelle unvernichtet, und während das Wasser an der Durchbruchsstelle wagerecht entweicht, wird der Ring und damit das ganze Gefäß nach der entgegengesetzten Seite hin getrieben, falls das Gefäß beweglich ist. So erklärt sich die Bewegung der Turbine (Bild 27). Dieselbe besteht aus einem möglichst hohen Wassergefäß, welches um eine lotrechte Axe drehbar ist und vom Boden her nach verschiedenen Seiten wagerechte Röhren als Arme aussendet. Durch Öffnungen dieser Röhren fließt das Wasser wagerecht und senkrecht zur Armrichtung aus und zwingt dadurch die Arme, nach der entgegengesetzten Seite und zwar alle in gleichem Sinne zurückzuweichen. Die so entstehenden Axendrehungen benutzt man zu Arbeitsleistungen. Die Turbine ist eine der wichtigsten Maschinen der Gebirge, wo hochgelegene Wassermengen zur Verfügung stehen.

4. Merkwürdige Erscheinungen.

a. Benetzende und nicht benetzende Flüssigkeiten.

Aus Alkohol, nicht aber aus Quecksilber läßt sich mit einem Glasstab ein Tropfen herausheben; je nachdem Flüssigkeiten sich gegen

4. Merkwürdige Erscheinungen.

feste Körper wie Alkohol oder wie Quecksilber gegen Glas verhalten, nennt man die Flüssigkeiten benetzend oder nicht benetzend. Gut gereinigte Metallflächen werden im allgemeinen von flüssigem Metall benetzt; darauf beruht das Löten; entsprechend beim Leim und der Tinte.

b. Gleichgewichtserscheinungen.

α. *Kapillarerscheinungen.* In einem Glasgefäß zeigen Alkohol und Quecksilber Spiegel, die am Rande gekrümmt sind, und zwar ist die oberste Berührungslinie zwischen der Gefäßwand und der Flüssigkeit beim Alkohol höher, beim Quecksilber tiefer als der Spiegel. Es macht den Eindruck, als würde durch Berührung mit der Glaswand der Alkohol gehoben, das Quecksilber gesenkt. Sehr viel deutlicher wird diese Höhenänderung bei sehr engen Röhren, die man Haarröhrchen oder Kapillaren nennt.

In einer Kapillaren bilden benetzende Flüssigkeiten hohle Spiegel, nicht benetzende dagegen Kuppen; hohle Spiegel stehen höher, Kuppen tiefer als der ebene Spiegel eines mit der Kapillaren verbundenen weiteren Gefäßes. (Bild 28.) *(36)*

Durch Kapillarität saugen poröse Körper, wie unglasierter Thon, Zucker, Kreide, Schwämme u. s. w. in ihre feinen Kanäle benetzende Flüssigkeiten ein.

β. *Die Tropfenbildung.* Krümmungen wie bei den Kapillarerscheinungen begegnen auch bei der Tropfenbildung.

Auf wagerechter Unterlage (Glas) ballt sich ein nicht benetzender Tropfen (Quecksilber) zu einer Kugel, die infolge des Tropfengewichtes sich ein wenig abflacht, während ein benetzender Tropfen (Alkohol) zu einem dünnen Häutchen auseinanderfließt. *(37)*

c. Bewegungserscheinungen.

α. *Die Diffusion.* Schichtet man in einem Cylinder Kupfervitriollösung und Wasser übereinander, so bringt, auch wenn alle Erschütterungen vermieden werden, nach längerer Zeit die Lösung bis zum Wasserspiegel vor, und nach Monaten erweist sich die Flüssigkeit als eine Kupfervitriollösung von überall gleicher Dichte.

Die selbstthätige, durch Erschütterungen oder Umrühren nicht unterstützte, gegenseitige Durchdringung zweier mischbaren, einander berührenden Flüssigkeiten nennt man Diffusion. *(38)*

Dieselbe schließt sich naturgemäß aus bei nicht mischbaren Flüssigkeiten wie Wasser und Quecksilber.

48　Fünfter Abschnitt. Die allgem. Eigenschaften der Flüssigkeiten.

β. *Die Osmose.* Taucht man ein umgekehrtes, mit Schweinsblase verbundenes, alkoholgefülltes Trichterrohr so tief unter Wasser, daß anfänglich beide Flüssigkeiten das Blasenstück gleich stark belasten, so steigt allmählich der Alkoholspiegel (Bild 29). Durch Dichtemessung zeigt sich, daß beide Flüssigkeiten die Scheidewand durchbrungen und sich gemischt haben. Dabei fließt durch eine Schweinsblase mehr Wasser als Alkohol, durch eine Kautschukhaut (angeblich!) umgekehrt.

Die selbstthätige Mischung zweier durch eine Scheidewand getrennten Flüssigkeiten heißt Osmose. *(39)*

Auf ihr beruht der gesamte Stoffaustausch, der beständig durch die Gefäßwände der Lebewesen vor sich geht.

5. Übungen.

1) Aus dem Energiegesetz ist abzuleiten, daß eine ruhende Flüssigkeit im stabilen Gleichgewicht ist, wenn ihr Spiegel eine wagerechte Ebene bildet. — [Man ändere die Form oder die Lage des Spiegels].

2) Die gleiche Aufgabe wie 1) für die gemeinsame Grenzfläche zweier Flüssigkeiten, die nicht mischbar und von verschiedener Dichte sind. Beispiele?

3) Welche Dichte hat ein Stück Blei von der Masse $M = 100\,g$, wenn es unter Wasser das Gewicht $G = 91{,}23\,gg$ zeigt? — [$11{,}4\,g$.]

4) Ein Glaskörper von der Masse $M = 18{,}462\,g$ wiegt unter Wasser $G_1 = 13{,}052\,gg$, unter Äther $G_2 = 11{,}629\,gg$. Welche Dichte hat Äther? — [$1{,}263\,g$.]

5) Ein unten beschwertes Prisma von der Grundfläche $F = 1\,qcm$ und der Masse $M = 28\,g$ schwimmt aufrecht d. h. mit lotrechter Höhe in einer Salzlösung von der Dichte $D = 1{,}18\,g$. Wie tief taucht das Prisma ein? — [$23{,}73\,cm$.]

6) Ein gerader Cylinder, dessen wagerechte Grundfläche den Halbmesser $R = 2{,}5\,cm$ hat, wird um $H = 10\,cm$ unter Quecksilber von der Dichte $D = 13{,}6\,g$ gedrückt. Welchen Auftrieb erfährt die Grundfläche? — [$2{,}67\,kgg$.]

7) In den Deckel einer cylindrischen Wassertonne mit der Höhe $H = 30\,cm$ und einer wagerechten Grundfläche vom Halbmesser $R = 15\,cm$, welch letztere einen Druck von höchstens $D = 500\,kgg$ aushält, ist eine lotrechte Röhre vom lichten Querschnitt $Q = 10\,qmm$ eingesetzt. Bis zu welcher Höhe darf man die Röhre mit Wasser füllen, ehe die Tonne berstet? Welche Wassermasse enthält dabei die Tonne, welche die Röhre? — [$6{,}774\,m$; $21{,}206\,kg$; $67{,}7\,g$.]

8) Ein U-Rohr enthält Quecksilber, worüber (um die Kapillare Senkung zu vermeiden) in beiden aufrecht stehenden Schenkeln Wasser geschichtet ist; in dem einen Schenkel stehen beide Spiegel um $H_1 = 172{,}8\,mm$ und $H_2 = 197{,}6\,mm$, im andern um $H_3 = 118{,}6\,mm$ und $H_4 = 880{,}5\,mm$ lotrecht über der Tischplatte. Welche Dichte hat danach Quecksilber? — $\left[\dfrac{H_4 - H_2}{H_1 - H_3} + 1 = 13{,}6\,g.\right]$

9) Bei einer Wasserpresse ist der lotrechte Pumpenstempel vom Durchmesser $D_1 = 5\,mm$ an den Arm $A_1 = 9\,cm$ eines Hebels angeschlossen, dessen längerer Arm $A_2 = 50\,cm$ mit der lotrechten Kraft $K = 1\,kgg$ belastet ist. Welchen Druck liefert der cylindrische Stempel von der Dicke $D_2 = 81\,mm$? — [$1458\,kgg$.]

10) Ein Springbrunnen, dessen Ausflußöffnung $H_1 = 1,5\ m$ unter dem Wasserspiegel liegt, hat die Steighöhe $H_2 = 1,2\ m$. Wieviel Prozent Energie gehen verloren? — [20 %.]

11) Bei einer Turbine liegt der Wasserspiegel $H = 60\ cm$ über den $n = 4$ Ausflußmündungen von $F = 3\ qmm$ Querschnitt, die um $A_1 = 15\ cm$ von der lotrechten Axe abstehen. Welchen Druck muß man im Abstand $A_2 = 2,5\ cm$ von der Axe gegen einen der wagerechten Arme wenigstens ausüben, um die Drehungen der Turbine zu hindern? — [43,2 gg.]

Sechster Abschnitt.

Die allgemeinsten Eigenschaften der Gase.

1. Der Luftdruck.

a. Torricellis Versuch. (Bild 30).

Die Frage, ob luftleere Räume möglich seien, wurde durch Torricelli entschieden. Man fülle eine unten geschlossene, lange Glasröhre bis zum Rand mit Quecksilber, schließe das obere Ende mit dem Finger, wende die Röhre um, stelle sie lotrecht in Quecksilber und entferne den Fingerverschluß; dann fließt soviel Quecksilber aus der Röhre, bis die innere Quecksilberkuppe um etwa 76 cm über dem äußeren Quecksilberspiegel liegt.

In Torricellis Röhre entsteht über der Quecksilberkuppe ein luftleerer Raum, **(40)** da bei dem Versuch Luft in die Röhre nicht eintreten kann. — Zur Erklärung des Versuchs faßte Torricelli seine Röhre und den umgebenden Raum als zwei verbundene Gefäße auf, deren eines mit Quecksilber, deren anderes mit Luft gefüllt ist. Bezeichnet man die Luft um der leichten Verschiebbarkeit ihrer Teilchen willen auch als Flüssigkeit, so wird der äußere Quecksilberspiegel zur Trennungsfläche beider Flüssigkeiten und erleidet gemäß dem Stevinschen Satz nach unten den Druck einer Luftsäule, nach oben den Druck einer Quecksilbersäule von gleichem Gewicht. Damit ist Torricellis Röhre als eine Wage für die Luft gedeutet und wird deshalb Barometer d. h. Schweremesser genannt. — Ist Torricellis Deutung richtig, so muß die Kuppe der Quecksilbersäule sinken, wenn eine kleinere und darum leichtere Luftsäule auf die Trennungsfläche drückt. In der That zeigt nun das Barometer auf einem Berge einen niedrigeren Stand als in der Tiefebene und sinkt etwa um 1 mm, wenn man es vom Meeresspiegel aus um 10 *m* hebt. Daher eignet sich das Barometer zu sehr bequemen, freilich wenig genauen Höhenmessungen.

Vgl. Galilei a. a. O. Erster Tag S. 14 f.

Brief Torricellis vom 11. Juni 1644, in französischer Übersetzung mitgeteilt in Journal de physique, tome I, Paris 1872 S. 173 ff.

Blaise Pascal, Récit de la grande expérience de l' équilibre des liqueurs. Paris 1648.

b. Gefäß- und Heberbarometer.

Bei jedem Barometer sind die Luftbläschen, die an der Glaswand haften, durch vorsichtiges Schütteln und Neigen zu beseitigen. Ferner aber wird bei jedem nicht sehr weiten Barometerrohr die Quecksilbersäule durch Kapillarität verkürzt. Vermindert wird dieser Übelstand, wenn das Barometerrohr an seinem offenen Ende U-förmig umgebogen wird, statt in ein weites Quecksilbergefäß zu tauchen (Bild 31). Alsdann wirken in beiden Schenkeln die Kräfte der Kapillarität nach unten und heben einander etwa auf. Barometer dieser Art heißen Heberbarometer, die erstbeschriebenen dagegen Gefäßbarometer. Letztere sind zwar weniger genau als Heberbarometer, erfordern aber nur eine Ablesung, nämlich an der Quecksilberkuppe der Röhre, da der Quecksilberspiegel des Gefäßes nicht nennenswert auf- und niedergeht und daher als festliegender Nullpunkt der Teilung angesehen werden darf. — Der Barometerstand und damit der Luftdruck ist an derselben Stelle nicht unveränderlich, sondern schwankt ein wenig um einen Mittelwert, der im Meeresspiegel normaler Luftdruck heißt.

Der normale Luftdruck ist gleich dem Gewicht einer Quecksilbersäule von 760 *mm* Höhe und lastet daher auf jedem *qcm* mit 1,03 *kgg*. *(41)*

c. Die Quecksilberluftpumpe. (Bild 32.)

Wird Torricellis Versuch nach dem Vorbilde des Heberbarometers angestellt, jedoch so daß beide Schenkel an ihren oberen Enden erweitert sind und die Biegung des Glasrohrs durch einen Schlauch ersetzt ist, so kann das luftleere Gefäß dazu dienen, ein angeschlossenes Luftgefäß zu entleeren. In dieser Verwendung heißt das Barometer eine Quecksilberluftpumpe, in deren einfachster Form ein Verbindungsrohr von der oberen Schenkelerweiterung zum Luftgefäß aufsteigt. Das Verbindungsrohr und ein verschließbarer, mit Quecksilber gesperrter Seitenarm desselben stoßen in ihrem Treffpunkt auf einen T-förmig durchbohrten Hahn, der je nach seiner Stellung die obere Schenkelerweiterung entweder mit dem Luftgefäß oder mit dem Seitenarm verbindet. Läßt man bei angeschlossenem, geöffneten Seitenarm durch Heben der unteren Schenkelerweiterung das Quecksilber in die obere Erweiterung aufsteigen, so entweicht die Luft der letzteren durch den offenen Seitenarm in den freien Luftraum; wird nun bei umgestelltem T-Hahn die untere Erweiterung und damit zugleich das Quecksilber der oberen gesenkt, so wird der Inhalt des Luftgefäßes zum Teil in die obere Erweiterung hineingesaugt und kann nach abermaligem Umlegen des T-Hahnes wie zu Anfang durch den Seitenarm ausgetrieben werden u. s. f. Die Quecksilberluftpumpe arbeitet langsam, gestattet aber die Luftentleerung beliebig weit zu treiben.

2. Die Kolbenluftpumpe.

a. Beschreibung derselben. (Bild 33).

Unabhängig von Torricelli gelang es Otto von Guericke, aus geschlossenen Räumen die Luft mit Hilfe einer Kolbenpumpe zu entfernen. Der Grundgedanke seiner Luftpumpe stimmt mit dem einer Wasserpumpe überein, nur müssen Luftpumpen viel sorgfältiger gedichtet und die schwer zu hebenden Ventile durch Hähne ersetzt sein, die mit der Hand geöffnet und geschlossen werden. Gegenwärtig stellt man „Kolbenluftpumpen" meist mit zwei Cylindern oder „Stiefeln" her, in denen luftdicht schließende Kolben durch eine Zahnradübersetzung abwechselnd, aber gleichzeitig auf- und abbewegt werden. Die Böden beider Stiefel sind durch je einen Kanal mit dem „Babinetschen Hahn" verbunden. An ihn schließt sich die Saugröhre, welche den „Luftpumpenteller", eine wagerechte, matt geschliffene Glasplatte, in der Mitte durchsetzt. Die leer zu pumpenden Gefäße, kurz „Leergefäße", sind meistens Glasglocken mit wulstigem Rand, der unten eben geschliffen ist und, eingefettet, luftdicht auf den Teller paßt; Gefäße anderer Art versieht man mit Metallkappen, die man luftdicht auf die Mündung des Saugrohrs schraubt. — Der Babinetsche Hahn (Bild 34) hat einen kegelförmigen Zapfen mit wagerechter Axe, die durch einen vorn angesetzten Seitenarm sich drehen läßt. Der Zapfen ist nahe seinem schmaleren Ende, wo nämlich die Saugröhre auf denselben stößt, ringförmig eingeschnürt und außerdem dreimal durchbohrt. Die vordere Längsbohrung biegt, von der Vorderfläche des Zapfens kommend, kurz vor der Querbohrung zum Mantel um. Die hintere Längsbohrung führt, von der Einschnürung kommend, ebenfalls kurz vor der Querbohrung zum Mantel. Dabei liegen die Manteleingänge beider Längsbohrungen so, daß ihre Verbindungsgrade in der Mitte der Querbohrung auf ihr senkrecht steht.

b. Gebrauch der Kolbenluftpumpe.

Nachdem die Saugröhre durch ein Leergefäß geschlossen ist, wird der Seitenarm des Babinetschen Hahns wagerecht nach rechts gelegt, wodurch der linke Stiefelkanal mit der vorderen Längsbohrung und also mit dem Außenraum, der rechte Stiefelkanal mit der hinteren

Längsbohrung und folglich mit der Saugröhre und dem Leergefäß verbunden wird. Durch Hebung des rechten Kolbens saugt nun sein Stiefel Luft aus dem Leergefäß in sich hinein, während der gleichzeitig sinkende andere Kolben die Luft des linken Stiefels in den Außenraum befördert. Wird jetzt der Babinetsche Hahn um 180^0 gedreht, so vertauschen beide Längsbohrungen ihre Anschlüsse, so daß der steigende linke Kolben das Leergefäß weiter entleert und zugleich der sinkende rechte die vordem abgesaugte Luft nach außen stößt. Durch stets gleiche Fortsetzung dieses Betriebes könnte bei guter Dichtung der Pumpe die Entleerung beliebig weit getrieben werden, wenn nicht die Stiefelkanäle als „schädliche Räume" wirkten. Der an den Außenraum geschlossene Stiefelkanal nämlich saugt sich voll Außenluft und entsendet nach Umlegen des Babinetschen Hahnes seinen Inhalt in das Leergefäß. Einzig zur Verminderung dieses schädlichen Luftrestes dient die Querbohrung des Hahns. Beim Umlegen desselben tritt nämlich auf kurze Zeit der lufterfüllte Stiefelkanal durch die Querbohrung mit dem entleerten Stiefel in Verbindung und schickt in letzteren fast seinen ganzen Inhalt.

c. **Luftpumpenversuche.**

α. *Das Manometer.* Daß im luftleeren Raum die Quecksilbersäule eines Barometers auf die Höhe null sinkt, bestätigt sich, wenn man ein verkürztes Barometer unter ein Leergefäß setzt. Umgekehrt benutzt man bei jedem Luftpumpenversuch die Barometereinstellung als Probe dafür, wie weit die Entleerung bereits gediehen ist. Dazu führt von der Saugröhre ein Seitenrohr zu einem besonderen Leergefäß, das ein verkürztes Heberbarometer, das sogenannte Manometer, einschließt.

β. *Die Magdeburger Halbkugeln.* Zwei gleiche, hohle Halbkugeln werden mit ihren luftdicht schließenden Rändern aufeinander gesetzt und luftleer gemacht. Der Außendruck der Luft preßt dann die Halbkugeln so fest zusammen, daß sie nur durch große Kräfte auseinander gerissen werden können. Diesen Versuch führte v. Guericke öffentlich an einer so großen Kugel vor, daß die Trennung ihrer Hälften die Kraft von 16 Pferden forderte, und eroberte so für seine Luftpumpe die Teilnahme seiner Zeitgenossen.

γ. *Der Widerstand der Luft.* Die Erfahrung, daß gleiche Höhen von verschiedenen Körpern in gleichen Zeiten frei durchfallen werden, bestätigt sich nicht bei einer Messingkugel und einem Wattebausch. Den augenscheinlichen Unterschied beider Fallgeschwindigkeiten führt man darauf zurück, daß die umgebende Luft die Fallbewegung bei dem leichten Wattebausch viel stärker hindere als bei der schweren Messingkugel. In der That erfährt im Luftraum ein Messingpendel nur geringe, ein Wattependel sehr bedeutende Energieverluste, während unter einer luftleeren Glocke auch die Energieverluste des Wattependels nur gering sind. Auf Grund solcher Bestätigungen glaubt man den Satz:

Im luftleeren Raum durchfallen alle Körper gleiche Höhen mit gleichen Geschwindigkeiten. *(42)*

b. Der Auftrieb der Luft. Daß wie Flüssigkeiten so auch Gase einen Auftrieb bewirken, zeigt sich an einer kleinen Wage, die einerseits mit einer hohlen Glaskugel, andererseits mit einer vollen Messingkugel beschwert und so ins Gleichgewicht gebracht ist. Unter einem Leergefäß senkt sich mit zunehmender Entleerung die Glaskugel, weil sie einen größeren Auftrieb verliert als die kleinere Messingkugel. Aus der Thatsache, daß die Glaskugel in Leuchtgas sinkt, in Kohlensäure steigt, ist zu schließen, daß Leuchtgas eine geringere, Kohlensäure eine größere Dichte als Luft besitzt. Wegen des Luftauftriebs steigt auch der Luftballon, der meistens mit Leuchtgas, seltener mit Wasserstoff gefüllt wird.

Vgl. Ottonis de Guericke Experimenta Nova (ut vocantur) Magdeburgica De Vacuo Spatio. Amstelodami 1672. — Liber III: De Propriis Experimentis. S. 71—124.

3. Die Elastizität der Gase.

a. Boyles Gesetz.

Wird in ein **U**-Rohr mit aufrecht stehenden Schenkeln Quecksilber gegossen, so stellen sich beide Spiegel in gleicher Höhe ein, weil auf ihnen der gleiche Luftdruck lastet. Da nun die Einstellung der Spiegel sich nicht ändert, wenn man den einen Schenkel durch einen Hahn verschließt, so folgt, daß die abgesperrte Luft den gleichen Druck wie die freie ausübt. Wird jetzt Quecksilber in den offenen Schenkel nachgefüllt, so vermindert sich der Rauminhalt der abgesperrten Luft, und zugleich zeigt die Erhebung des äußeren Quecksilberspiegels über den inneren eine Vermehrung des Druckes an, den die abgesperrte Luft auf ihren Spiegel ausübt. Bezeichnet man zwei Rauminhalte der abgesperrten Luftmenge mit I_1 und I_2, die zugehörigen Drücke, welche der innere Quecksilberspiegel erfährt, mit K_1 und K_2, so ist, wie Boyle (und später Mariotte) entdeckte, $I_1 : I_2 = K_2 : K_1$. Da das gleiche Gesetz ziemlich genau für alle Gase gilt, so folgt:

Die Rauminhalte einer abgesperrten Gasmasse verhalten sich zu einander umgekehrt wie die Drücke, die auf gleichen Flächenstücken der inneren Gefäßwand lasten. *(43)*

Für Drücke unterhalb des äußeren Luftdrucks wird Boyles Gesetz an einer Torricelliröhre nachgeprüft, die in ein tiefes Quecksilbergefäß taucht und abgesperrte Luft enthält; durch Heben und Senken der Röhre kann der Druck im Innern beliebig abgeändert werden.

Vgl. Rob. Boyle, Defensio Doctrinae De Elatere et Gravitate Aëris Adversus Objectiones Francisci Lini. Editio postrema. Rotterdam, 1669. — S. 94—113: Pars II, Cap. V. Duo Experimenta nova de mensura Virtutis Elasticae Aëris compressi et dilatati.

b. Der Druckmesser.

Läßt man aus Boyles Röhre das nachgefüllte Quecksilber durch einen Hahn am Boden des offenen Schenkels ab, so stellt sich der ursprüngliche Rauminhalt des abgesperrten Gases wieder ein, so daß die Gase als elastisch sich erweisen. Um dieser Elastizität willen kann in das Leergefäß einer Luftpumpe beliebig viel Luft hineingepreßt werden, wenn man den Babinetschen Hahn umgekehrt wie bei der Luftentleerung stellt. Gemessen werden hohe Gasdrücke durch eine Torricelliröhre, die über dem Quecksilber Luft enthält. Mit zunehmendem Druck verringert sich der Rauminhalt der abgesperrten Luft, der an einer Teilung der Röhre abgelesen werden kann und nach Boyles Gesetz einen Schluß auf den ausgeübten Druck gestattet. — Noch bequemer für den Gebrauch sind die Metalldruckmesser, deren Hauptteil eine luftleere, sehr dünnwandige und dadurch hochgradig biegsame Metalldose oder -röhre bildet. Jede Änderung des Außendrucks ist mit einer Formänderung des elastischen Metallkörpers verbunden, die, durch Hebelübertragungen stark vergrößert, an einem Zeiger sichtbar wird. Die Teilung, auf welche der Zeiger einspielt, ist durch Vergleich mit einem Quecksilberdruckmesser gewonnen. Derartige Metalldruckmesser werden auch so empfindlich gearbeitet, daß sie die geringen Druckschwankungen des freien Luftraums anzeigen, und heißen dann Federbarometer.

c. Die Windrichtung.

Wird ein Luftgefäß mit einem zweiten, das Luft von geringerem Druck enthält, durch eine Röhre verbunden, so wird die Luft der Röhre von dem ersten Gefäß her mit größerer Kraft gedrückt als von dem zweiten her und strömt (nach III, 4, b) so lange in das zweite Gefäß, bis der Druckunterschied aufgehört hat. Entsprechend folgt ganz allgemein:

Verbundene Gasmengen, die unter verschiedenen Drücken stehen, werden stets in Richtung auf den niedrigeren Gasdruck angetrieben. (44)

Dadurch erklärt sich das Entleeren bei einer Luftpumpe, wo die abgesperrte Luft als eine gepreßte Flüssigkeit angesehen werden darf, deren Gewicht neben dem Gasdruck zu vernachlässigen ist. Im freien Luftraum indessen herrschen selbst bei Windstille in verschiedenen Höhen verschiedene Drücke, so daß hier das Luftgewicht in Frage kommt und das Gasströmungsgesetz im freien Luftraume nur für wagerechte Schichten gilt. Um nun auch für Landgebiete von ungleicher Höhe einen Überblick über die Luftströmungen in einem gewählten Zeitpunkt zu gewinnen, rechnet man alle zu jener Zeit beobachteten Barometerstände des Landes (nach 1, a) auf die Höhe des Meeresspiegels um und trägt die so errechneten Barometerstände in die Landkarte ein. Werden jetzt die Orte gleichen Druckes durch Linien, die sogenannten Isobaren, verbunden, so läßt sich ohne weiteres die Richtung ablesen, in welcher überall die Luft durch die Druckverteilung angetrieben wird, nämlich in Richtung von der höheren zur tieferen Isobare. Doch wirkt der Umstand, daß der Erdkörper sich gegen den Fixsternhimmel dreht, ändernd auf die Windrichtung ein.

4. Merkwürdige Erscheinungen.

a. Die Diffusion.

Die selbstthätige Mischung der Gase heißt Diffusion, sowohl wenn die Gase einander unmittelbar berühren, als auch wenn sie durch eine poröse Scheidewand getrennt sind.
(45)

Stellt man zwei Glascylinder, von welchen der obere Leuchtgas, der untere Luft enthält, mit ihren abgeschliffenen, gasdicht schließenden Rändern übereinander, so ist bereits nach 10 Minuten entgegen der Schwere ein beträchtlicher Teil des dünneren Leuchtgases in den unteren Cylinder eingedrungen, wie durch Anzündung nachgewiesen werden kann. Auf diesen Vorgang der Diffusion ist die Thatsache zurückzuführen, daß die Luft, die ein Gemisch mehrerer Gase ist, überall so ziemlich das gleiche Mischungsverhältnis aufzeigt. —

Durch eine poröse Scheidewand diffundiert das dünnere Gas unter sonst gleichen Umständen schneller als das dichtere.
(46)

Stülpt man über eine luftgefüllte, geschlossene Zelle aus unglasiertem Thon ein Glas mit Leuchtgas, so zeigt ein mit dem Innern der Zelle verbundener Druckmesser, etwa ein durch Wasser gesperrtes U-Rohr, alsbald eine Druckzunahme im Innern der Zelle an. Taucht man dagegen die luftgefüllte Zelle in Kohlensäure, so strömt umgekehrt mehr Luft aus als Kohlensäure ein, und der Druck im Innern der Zelle sinkt. — Manche Gase z. B. Kohlenoxyd dringen auch leicht durch rotglühendes Eisen, weswegen eiserne Öfen zur Vermeidung von Vergiftungen nicht bis zur Rotglut erhitzt werden dürfen.

b. Die Absorption.

Die Gase besitzen in verschiedenem Grade die Eigenschaft, von Flüssigkeiten aufgesaugt oder „absorbiert" zu werden.

Die Gasmenge, welche von jedem Kubikcentimeter einer

Flüssigkeit aufgesaugt wird, hängt von der Flüssigkeit, der Art des Gases und dem Gasdruck ab. **(47)**

So vermag Wasser, nicht aber Quecksilber ungeheure Mengen Ammoniak aufzunehmen, wie sich an einem umgekehrten, mit Ammoniak gefüllten Probegläschen zeigen läßt, das durch Quecksilber gesperrt ist; läßt man einige Tropfen Wasser in den Gasraum aufsteigen, so tritt sofort eine bedeutende Raumverminderung des abgesperrten Gases ein. Die Abhängigkeit vom Druck zeigt sich, wenn man ein Glas Wasser unter dem Leergefäß einer Luftpumpe zunehmender Verdünnung aussetzt, wobei allmählich die bei normalem Druck im Wasser gelöste Luft entweicht. Ebenso giebt eine Flasche Selterwasser große Mengen Kohlensäure ab, wenn man die Flasche öffnet und dadurch den Gasdruck im Innern der Flasche vermindert. — Auch feste Körper besitzen die Eigenschaft, Gase entweder aufzusaugen oder an der gegenseitigen Berührungsfläche zu verdichten. Zum Nachweis dafür läßt man ein Stück frisch ausgeglühte Holzkohle statt des Wassers in die oben beschriebene Ammoniakröhre aufsteigen.

c. Die Reibung.

Durch Reibung, nämlich des Wassers an der Luft und der Luftteilchen aneinander, erklärt man die Thatsache, daß ein Wasserstrahl die umgebende Luft mitreißt. **(48)**

Hierauf beruht die Wasserluftpumpe und das Wasserstrahlgebläse (Bild 35). — Bei der Wasserluftpumpe spritzt man einen scharfen Wasserstrahl durch eine lotrechte, zugespitzte Röhre nach unten in eine zweite sich eng anschließende, ebenfalls lotrechte Röhre. Die Einspritzröhre ist oben, die Abflußröhre unten luftdicht in einen Behälter eingepaßt, der eine seitliche Ansatzröhre trägt. Die Luft des Behälters wird von dem Wasserstrahl so heftig mitgerissen und durch die Abflußröhre abgeführt, daß — bei hinreichendem Wasserdruck — der Behälter fast völlig luftleer wird, wenn man die seitliche Ansatzröhre durch ein Leergefäß verschließt. Die Luftentleerung einer Wasserluftpumpe ist bequemer, aber weniger vollkommen als bei einer Kolbenluftpumpe. — Führt man die Abflußröhre der Wasserluftpumpe von oben her luftdicht in ein weiteres Gefäß, dessen Wand unten und seitlich geöffnet ist, so entsteht ein Wasserstrahlgebläse. Der Abfluß des Wassers geschieht dabei durch die untere Öffnung und wird so geregelt, daß das weitere Gefäß stets etwa zur Häfte, nämlich bis über das untere Ende der hineingeführten Abflußröhre mit Wasser gefüllt bleibt. Dann steigt bei geöffnetem Ansatzrohr die beständig von außen angesaugte Luft von dem unteren Ende der Wasserluftpumpe her in Blasen durch das Abflußwasser des weiteren Gefäßes in den Luftraum des letzteren und entweicht mit kräftigem Druck durch die seitliche Öffnung.

5. Übungen.

1) Wie weit steigt Wasser in dem Saugrohr einer Pumpe bei normalem Luftdruck höchstens auf, wenn die Dichte des Quecksilbers 13,6 g beträgt? (Von dem Druck des Wasserdampfes, der in dem luftleeren Raum sich entwickelt, wird abgesehen.) — [10,3 m.]

2) Welche Einstellung zeigt ein Barometer auf dem 300 m hohen Eiffelturm, wenn am Fuß des Turmes normaler Luftdruck herrscht und jeder Erhebung um 10 m eine Barometerschwankung von 1 mm entspricht? — [730 mm.]

3) In einem Zimmer von der Form eines Würfels, dessen Kantenlänge 5 m beträgt, steht an der Decke das Barometer um 0,5 mm tiefer als am Fußboden. Welche Masse hat die Luft des Zimmers, wenn die Dichte des Quecksilbers 13,6 g beträgt? — [170 kg.]

4) Bei einer Quecksilberluftpumpe habe das Leergefäß den gleichen Rauminhalt wie die obere Schenkelerweiterung, während die verbindenden Röhren verschwindend kleinen Inhalt haben mögen. Welcher Druck herrscht nach $n = 10$ Senkungen der unteren Schenkelerweiterung im Leergefäß, wenn dasselbe anfänglich Luft von normalem Druck enthielt? — [0,74 mm Quecksilber.]

5) Senkt man einen „Stechheber" d. i. ein Gefäß, an welches nach oben und nach unten je eine enge, offene Röhre sich ansetzt, unter Wasser, so füllt er sich; warum läßt sich, wenn man darauf die obere Röhre mit dem Finger schließt, der Stechheber aus dem Wasser herausheben, ohne daß der Inhalt ausfließt?

6) Längs einer schiefen Bahn gleitet ein Klotz und rollt eine Kugel hinab, wobei sowohl von der Reibung als auch von Luftwiderstand d. h. von allen Energieverlusten abgesehen werden soll. Welcher Körper wird mit der größeren Geschwindigkeit am Fuß der schiefen Bahn ankommen?

7) Schwungräder dienen dazu, den Gang der Maschinen gleichmäßig zu machen. Warum wird dieser Zweck um so besser erreicht, je größer der Halbmesser und je größer die Masse des Radumfanges ist? — [III, 3, a.]

8) Warum fließt in einem Heber d. i. in einer winkelig gebogenen, wassergefüllten Röhre, deren offene Enden unter die Wasserspiegel zweier Gefäße getaucht sind, das Wasser vom höheren zum tieferen Spiegel? Wie wird der Heber sich im leeren Raum verhalten?

9) Eine sehr enge, einseitig geschlossene Röhre enthält Luft, welche durch einen Quecksilberfaden von 200 mm Länge abgesperrt ist. Bei normalem Luftdruck und wagerechter Lage der Röhre hat der abgesperrte Luftfaden eine Länge von 300 mm. Welche Länge hat derselbe, wenn man die Röhre mit ihrem offenen Ende 1) lotrecht nach oben, 2) lotrecht nach unten hält? — [292,3 mm; 308,1 mm.]

10) Bei dem „Heronsball" ist luftdicht durch den Hals einer halbgefüllten Wasserflasche fast bis zum Boden eine verschließbare Röhre geführt. Warum entsendet der Heronsball einen hochaufsteigenden Wasserstrahl, wenn man durch die Röhre Luft in die Flasche bläst und die Röhre dann frei gibt?

11) Bei der Feuerspritze (Bild 36) wird in einen großen Heronsball, den sogenannten Windkessel, nicht von oben Luft, sondern wie bei der Wasserpresse von unten Wasser durch zwei Pumpen eingetrieben, deren Kolben wie bei der zweistiefeligen Kolbenluftpumpe sich bewegen. Welchen Vorteil bietet solche Feuerspritze gegenüber einer andern, wo der Windkessel keine Luft enthielte, sondern ganz mit Wasser gefüllt wäre?

Sechster Abschnitt. Die allgemeinsten Eigenschaften der Gase.

12) Mariottes Gefäß (Bild 37) ist eine gefüllte Wasserflasche, die unmittelbar über dem Boden eine Seitenöffnung hat und durch deren Hals luftdicht eine offene Röhre geführt ist. Warum fließt aus der Seitenöffnung das Wasser so lange mit gleichbleibender Geschwindigkeit aus, bis der sinkende Wasserspiegel am unteren Ende der luftdicht eingesetzten Röhre angelangt ist?

13) Ein luftgefüllter Hohlkörper, der unten eine unscheinbare Öffnung hat und hinreichend beschwert ist, um in offenem Wasser noch eben aufrecht zu schwimmen, heißt ein Cartesianischer Taucher. Warum sinkt der Taucher, so lange man das Wasser preßt?

14) Wie erklärt sich das Segeln, die Bewegung der Windmühle und das Fliegen?

15) Beim „Zerstäuber" bläst man wagerecht über den oberen Rand einer lotrechten, beiderseits offenen Röhre hinweg, deren unteres Ende in Wasser taucht. Warum steigt in der Röhre das Wasser bis über den oberen Rand hinaus, so daß es durch den wagerechten Luftstrom zerstäubt wird?

Additional material from *Physikalische Mechanik,*
ISBN 978-3-662-31924-6 (978-3-662-31924-6_OSFO)
is available at http://extras.springer.com

MIX
Papier aus verantwortungsvollen Quellen
Paper from responsible sources
FSC® C105338

If you have any concerns about our products,
you can contact us on
ProductSafety@springernature.com

In case Publisher is established outside the EU,
the EU authorized representative is:
Springer Nature Customer Service Center GmbH
Europaplatz 3, 69115 Heidelberg, Germany

Printed by Libri Plureos GmbH
in Hamburg, Germany